中等职业教育教材

机械制图习题集

(非机械类专业少学时)

第 4 版

金大鹰　主编

机械工业出版社

本习题集是在中等职业学校《机械制图习题集(非机械类专业少学时)》第 3 版的基础上,按现行机械制图国家标准修订而成的,与金大鹰主编的《机械制图(非机械类专业少学时)》第 4 版教材配套使用。本习题集内容丰富,习题的设计侧重于培养学生的看图能力,题型多、寓意深、角度新。这次修订适当降低了作图难度,增加了零件图、装配图的看图内容。习题有一定裕量,为教师取舍和学生多练提供了方便。

本习题集适用于中等专业学校、技工学校、职业高中等非机械类专业少学时的制图教学,也可作为国家制图员资格认证实训和工人制图培训教材。

图书在版编目(CIP)数据

机械制图习题集:非机械类专业少学时/金大鹰主编. —4 版. —北京:机械工业出版社,2019.8(2025.7 重印)
中等职业教育教材
ISBN 978-7-111-64282-4

Ⅰ.①机⋯　Ⅱ.①金⋯　Ⅲ.①机械制图—中等专业学校—习题集　Ⅳ.①TH126-44

中国版本图书馆 CIP 数据核字(2019)第 267105 号

机械工业出版社(北京市百万庄大街 22 号　邮政编码 100037)
策划编辑:张　萍　责任编辑:张　萍
责任校对:王　延　封面设计:马精明
责任印制:张　博
北京铭成印刷有限公司印刷
2025 年 7 月第 4 版第 4 次印刷
260mm×184mm・6.75 印张・165 千字
标准书号:ISBN 978-7-111-64282-4
定价:20.00 元

电话服务　　　　　　　　网络服务
客服电话:010-88361066　机 工 官 网:www.cmpbook.com
　　　　　010-88379833　机 工 官 博:weibo.com/cmp1952
　　　　　010-68326294　金　书　网:www.golden-book.com
封底无防伪标均为盗版　机工教育服务网:www.cmpedu.com

前　言

本习题集是在中等职业学校《机械制图习题集(非机械类专业少学时)》第 3 版的基础上，按现行机械制图国家标准修订而成的，与金大鹰主编的《机械制图(非机械类专业少学时)》第 4 版教材配套使用。

为了加强看图的基本训练，这次修订降低了作图难度，更换了部分习题，新增了一些看图题，调整了部分章节的结构。

本习题集具有以下特点：

1. 在点、直线、平面投影的部分习题中，通过画投影图与看投影图，使学生了解画图和看图的相互转化关系，进而通过"识读一面视图"进行投影的可逆性训练，培养正确的思维方式，为进一步提高看图技能打下坚实的基础。

2. 题型多。既有一题多解题，还有填空、改错和综合练习题，培养学生的形象思维能力和空间想象力。

3. 部分习题通过正、误对比的方法，指明作图易犯的错误，以防止学生作图时再出现类似的毛病。

4. 有的习题采用"以例引路""依图配文"等方式，引导作图思路，掌握作图规律，培养学生运用所学知识分析和解决问题的综合能力。

5. 习题有一定裕量，为教师取舍和学生多练提供方便。此外，还编排有一定难度的看图题(后附有答案)，为学有余力的学生选做。

6. 习题集中设计了一些网格纸，引导学生初步掌握徒手画图的技能。

为实现立体化教学，我们完善了《机械制图(非机械类专业少学时)》第 4 版的教学资源，通过 AR、二维动画、微课等手段，打造全新机械制图立体化教材。配套教材的教学资源包括："优视" APP、二维动画、微课、翔实版 PPT 课件(含丰富动画)、习题集答案、教学建议法等。选用本教材的教师，可在机械工业出版社机工教育服务网(http://www.cmpedu.com/)免费下载配套教材的相关教学资源。

本习题集适用于中等专业学校、技工学校、职业高中等非机械类专业少学时的制图教学，也可作为国家制图员资格认证实训和工人制图培训教材。

参加本习题集修订工作的有金大鹰、邓毅红、高俊芳、张鑫、高鹏，由金大鹰任主编。

由于编者水平有限，书中的错误在所难免，敬请读者批评指正。

编者

目 录

前 言

第一章 制图的基本知识 1

第二章 正投影基础 10

第三章 立体的表面交线 37

第四章 组合体 41

第五章 机件的表达方法 57

第六章 常用零件的特殊表示法 74

第七章 零件图 81

第八章 装配图 95

附 录 选做题答案 102

第一章 制图的基本知识　1-1　字体综合练习(一)。

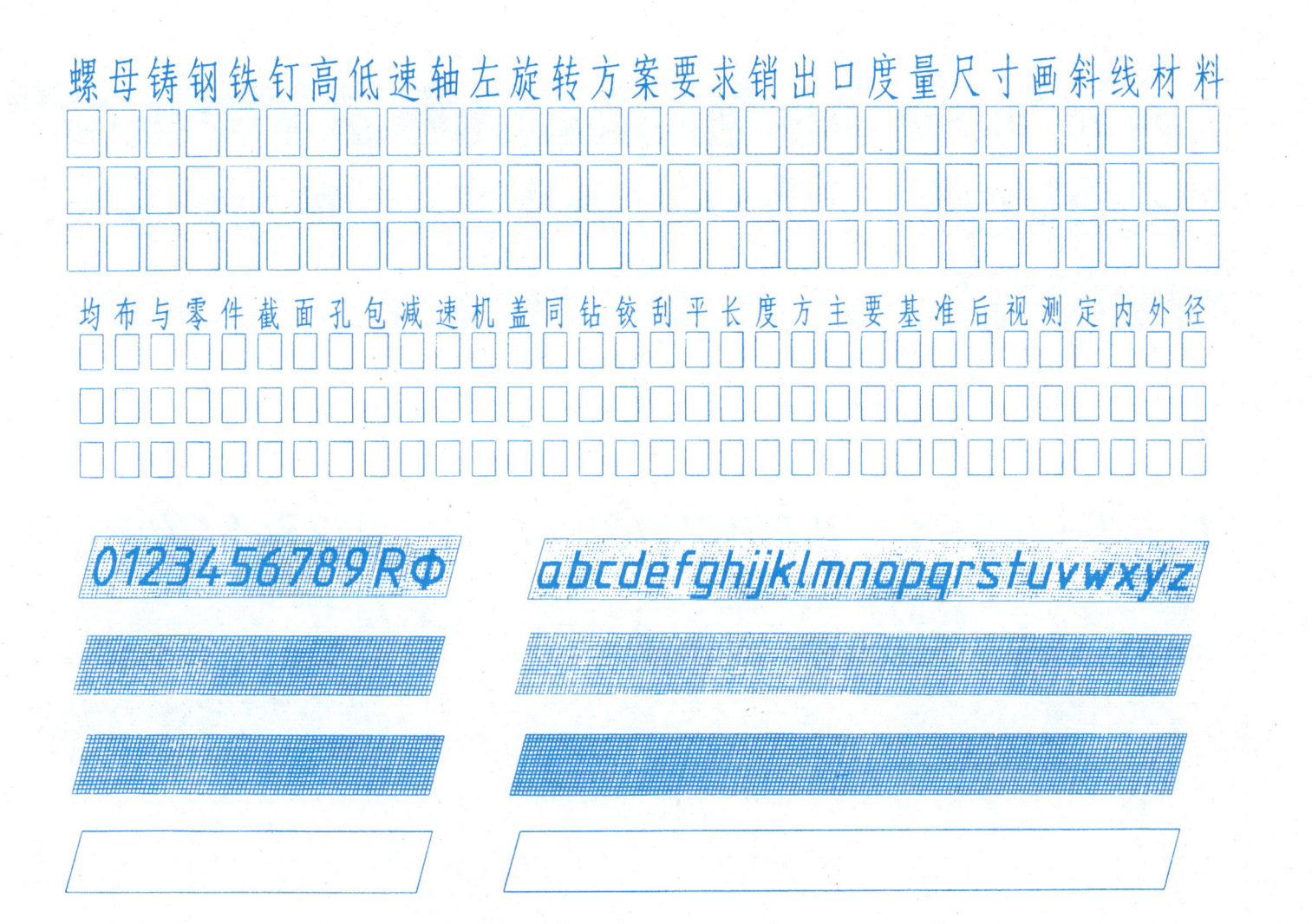

螺母铸钢铁钉高低速轴左旋转方案要求销出口度量尺寸画斜线材料

均布与零件截面孔包减速机盖同钻铰刮平长度方主要基准后视测定内外径

0123456789RΦ　　abcdefghijklmnopqrstuvwxyz

班级　　　　　姓名　　　　　学号

1-2 字体综合练习(二)。

1-3 图线练习。

1. 过各等分点分别抄画下列图线的平行线。

2. 过中心线上给出的"小弧"抄画左图。

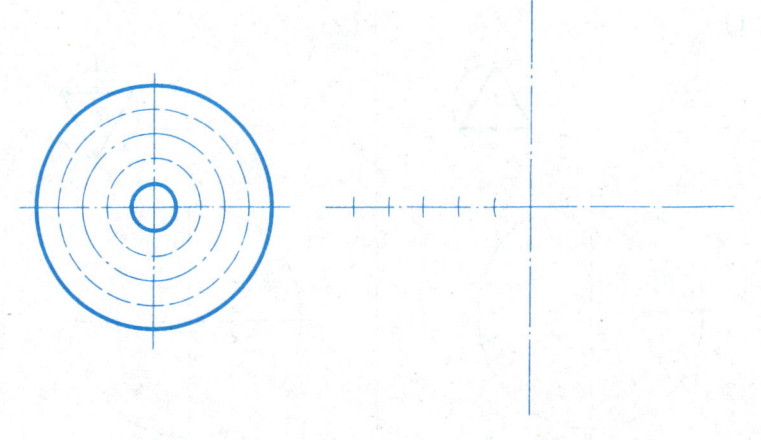

3. 按左边的图例，完成右图(比例为1∶1)。

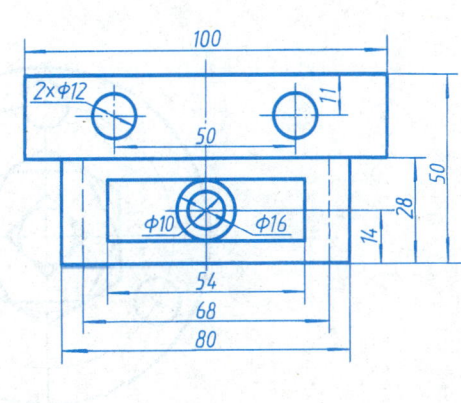
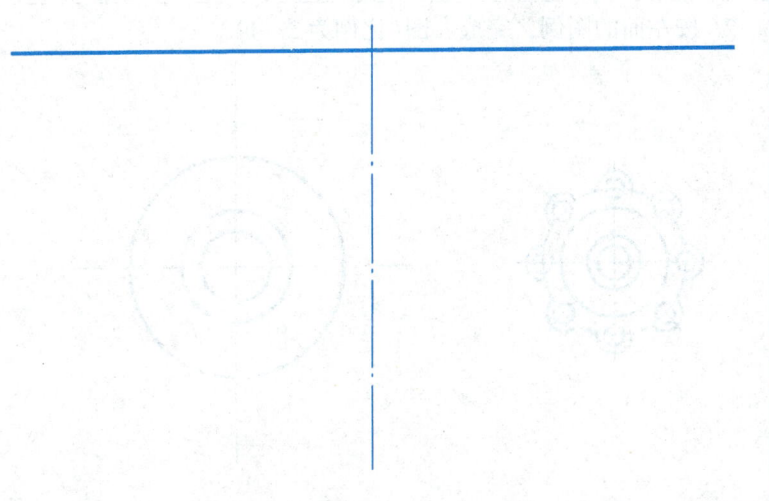

班级　　　　　姓名　　　　　学号

1-4　等分圆周。

1. 按右上角图例，完成下图(用圆规取等分点，再用30°-60°三角板验证并作图)。

(1)　　　　　　　　　　(2)

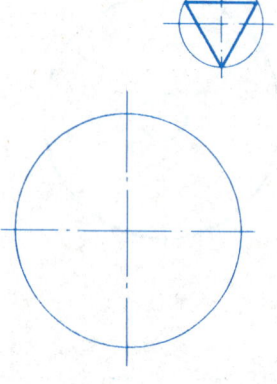

2. 按左面的图例，完成右图(比例为2∶1)。

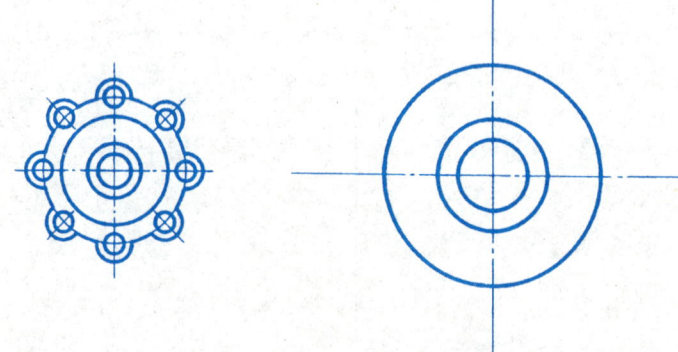

3. 抄画右下角的图形(比例为2∶1)。

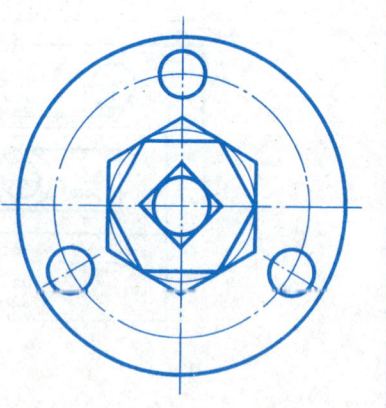

班级　　　　　姓名　　　　　学号

1-5 参照上面图形，完成下面图形的线段连接(比例为1∶1)。

1.

2.

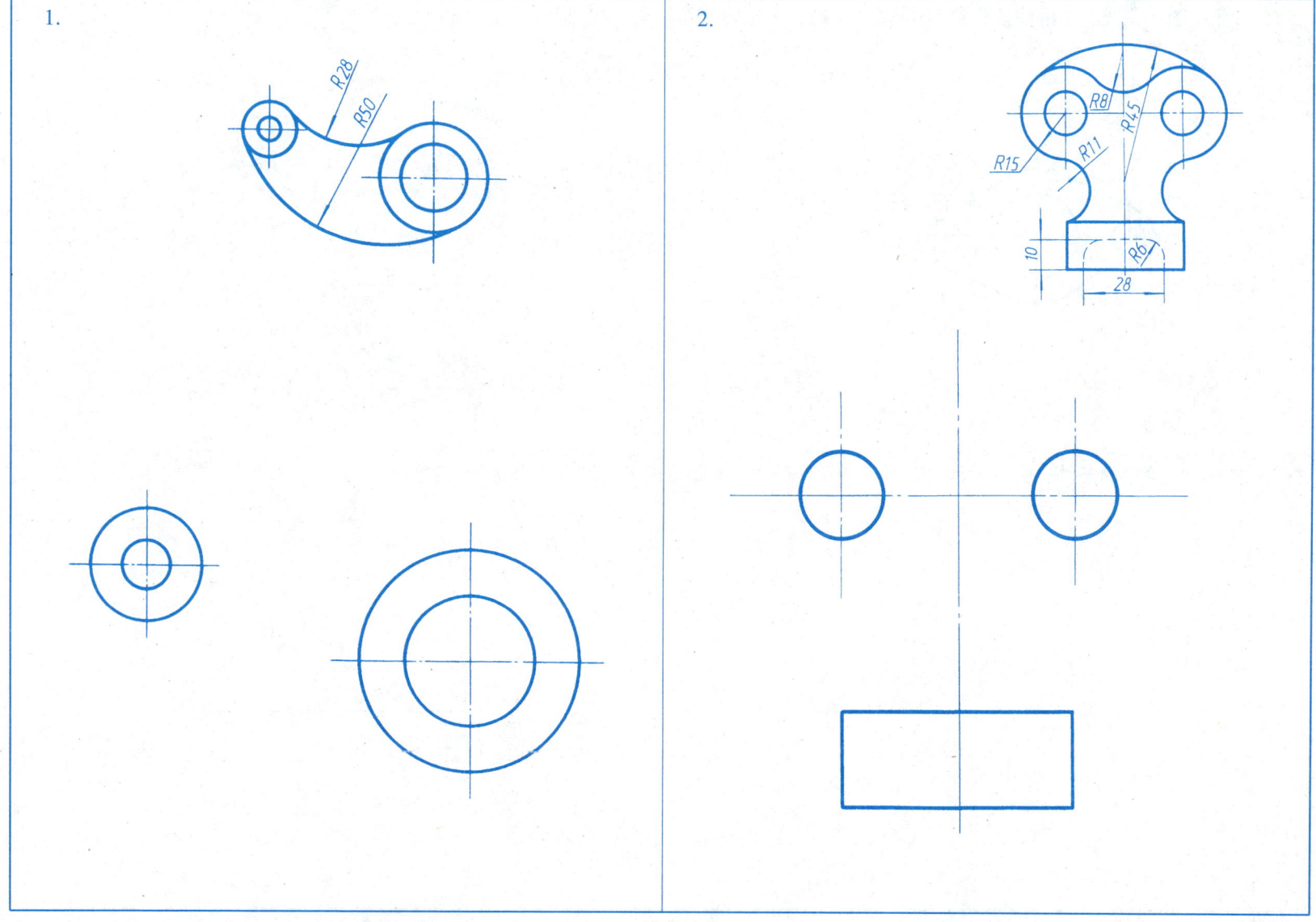

班级　　　　　　姓名　　　　　　学号

1-6 线段连接和斜度、锥度。

1. 参照左图,完成右图的线段连接(比例为 1∶1),标出连接弧的圆心和切点。

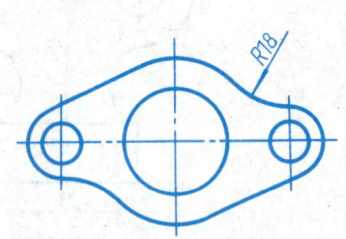
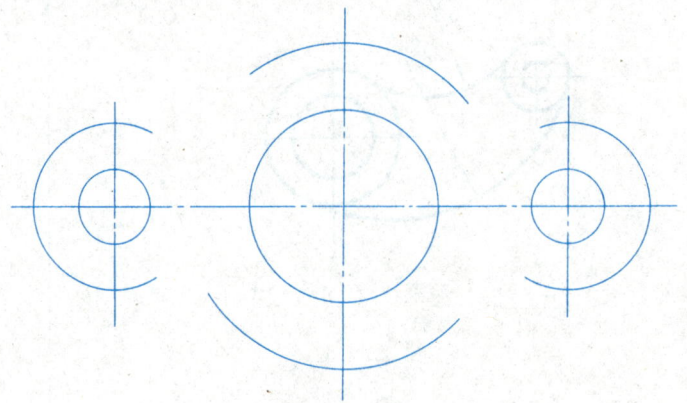

2. 根据下图给定的条件,自行设计一个带有斜度、一个带有锥度的简单图形,并标注斜度、锥度。

班级　　　　　姓名　　　　　学号

1-7 平面图形作业。

作业1 平面图形

（一）作业目的
1）熟悉平面图形的绘制过程及尺寸标注方法。
2）掌握线型规格及训练线段连接技能。

（二）内容与要求
1）按教师指定的题号绘制平面图形。
2）用 A4 图纸，自己选定绘图比例及图纸横放或竖放，并标注尺寸。

（三）作图步骤
1）分析图形。分析图形中的尺寸作用及线段性质，从而决定作图步骤。
2）画底稿。
① 画图框及标题栏。
② 画出图形的基准线、对称线及圆的中心线等。
③ 按已知线段、中间线段、连接线段的顺序，画出图形。
④ 画出尺寸界线、尺寸线。
3）检查底稿。
4）用铅笔加深图形。
5）画箭头、标注尺寸、填写标题栏。
6）校对及修饰图形。

（四）注意事项
1）布置图形时，应考虑标注尺寸的位置。
2）画底稿时，作图线应轻而准确，并应找出连接弧的圆心及切点。

3）加深时必须细心，按"先粗后细，先曲后直，先水平后垂直、倾斜"的顺序绘制，应做到同类图线规格一致，线段连接光滑。
4）箭头应符合规定，并且大小一致。
5）不要漏注尺寸或漏画箭头。
6）用标准字体填写尺寸数字及标题栏。
7）保持图面清洁。

（五）图例

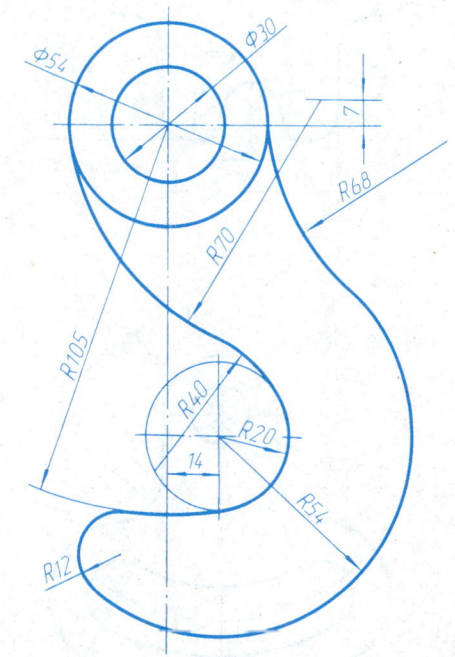

1-8 平面图形作业题。

1.
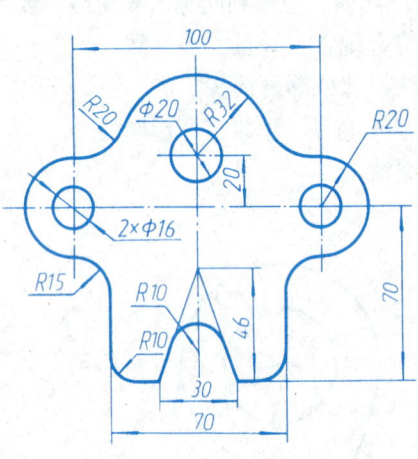

2.
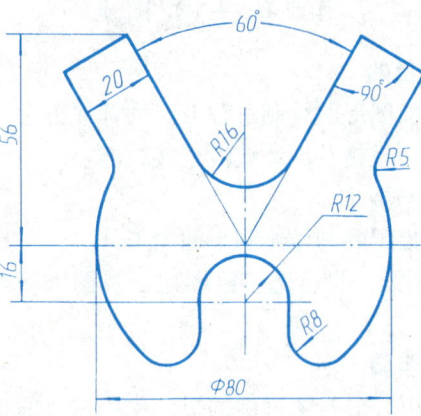

3.
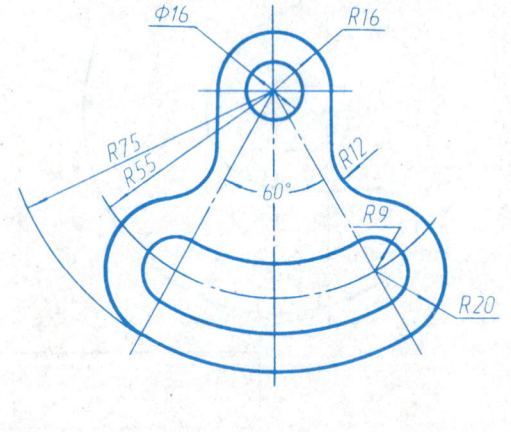

4.
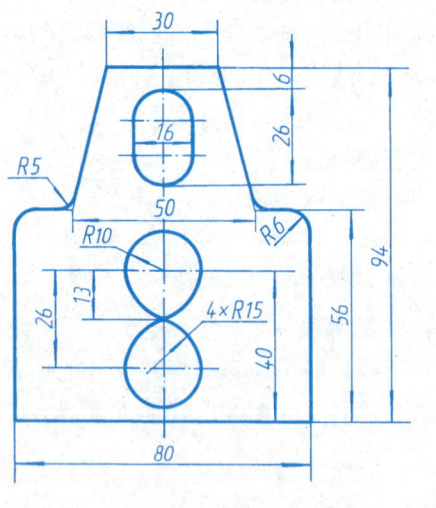

班级　　　姓名　　　学号

1-9 徒手画出下列图形(比例为 2∶1)。

班级　　　　　　姓名　　　　　　学号

第二章 正投影基础

2-1 分析三视图的形成过程，并填空说明三视图之间的关系。

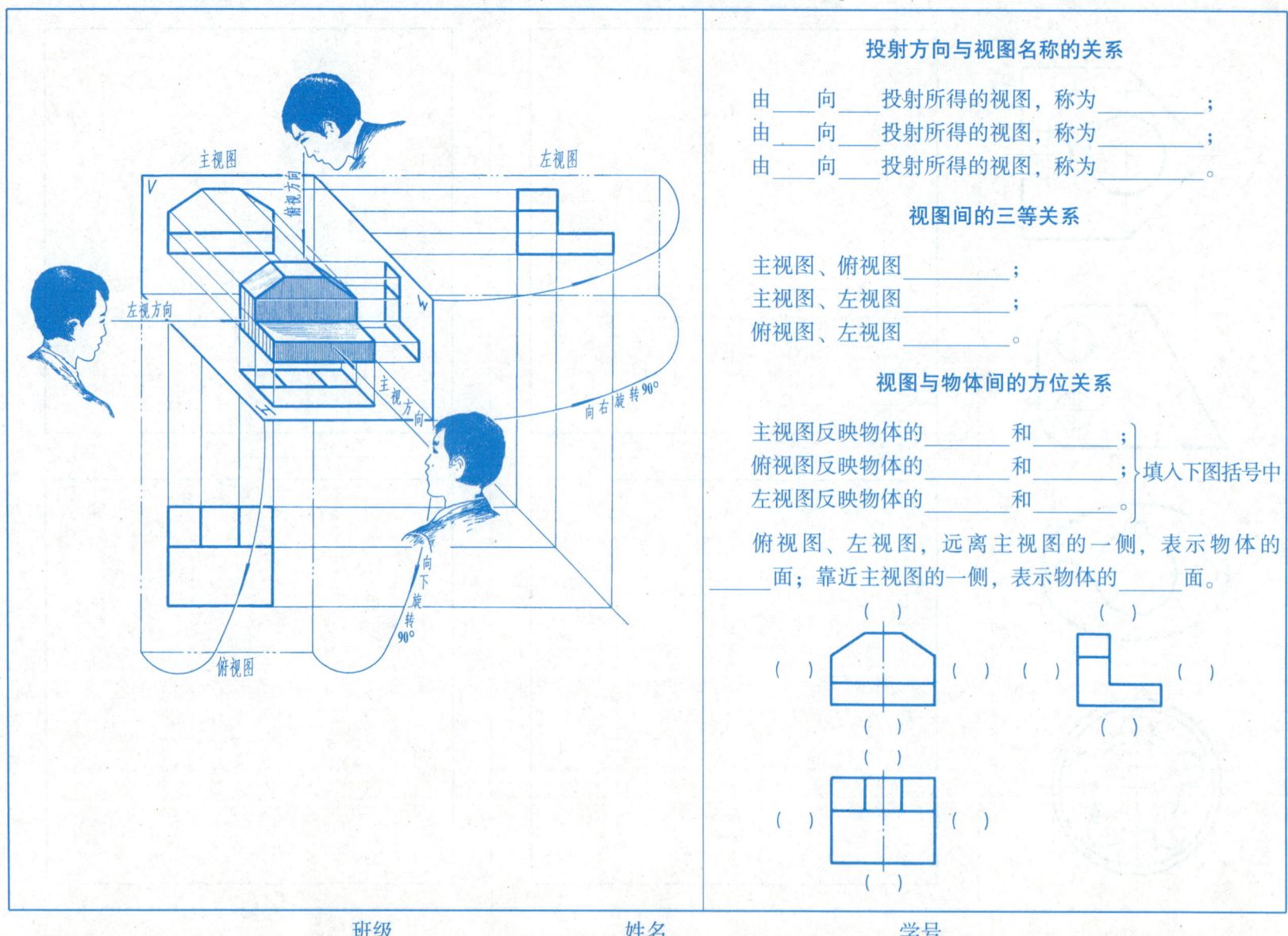

投射方向与视图名称的关系

由____向____投射所得的视图，称为_____；

由____向____投射所得的视图，称为_____；

由____向____投射所得的视图，称为_____。

视图间的三等关系

主视图、俯视图_____；

主视图、左视图_____；

俯视图、左视图_____。

视图与物体间的方位关系

主视图反映物体的_____和_____；

俯视图反映物体的_____和_____；⎬填入下图括号中

左视图反映物体的_____和_____。

俯视图、左视图，远离主视图的一侧，表示物体的_____面；靠近主视图的一侧，表示物体的_____面。

2-2 分析下列三视图，辨认其相应的轴测图，并在空圈内填上相应三视图的编号。

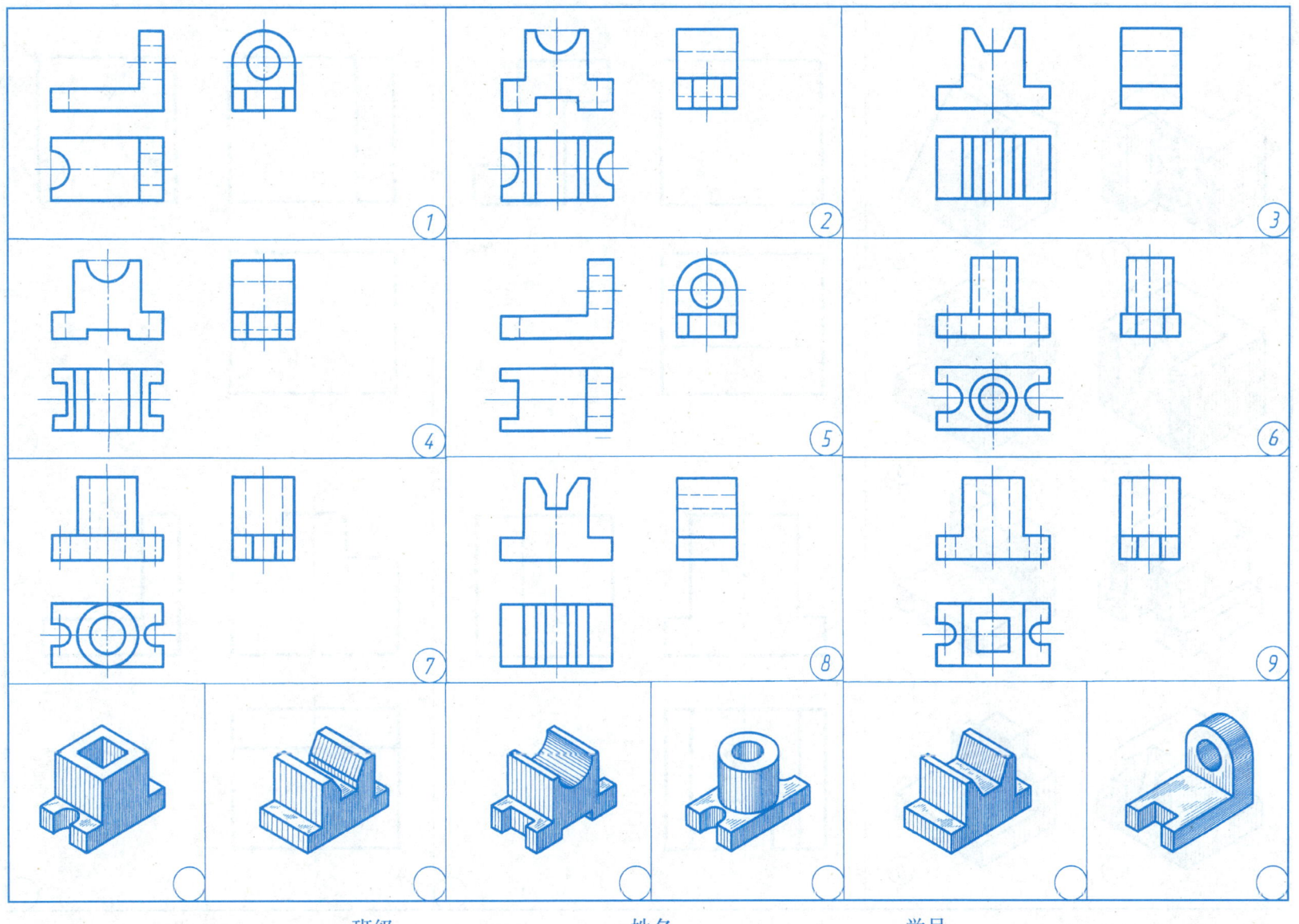

2-3 根据三视图，辨别其相应的立体图（将其编号填在空圈内），并徒手补画视图中所缺的图线。

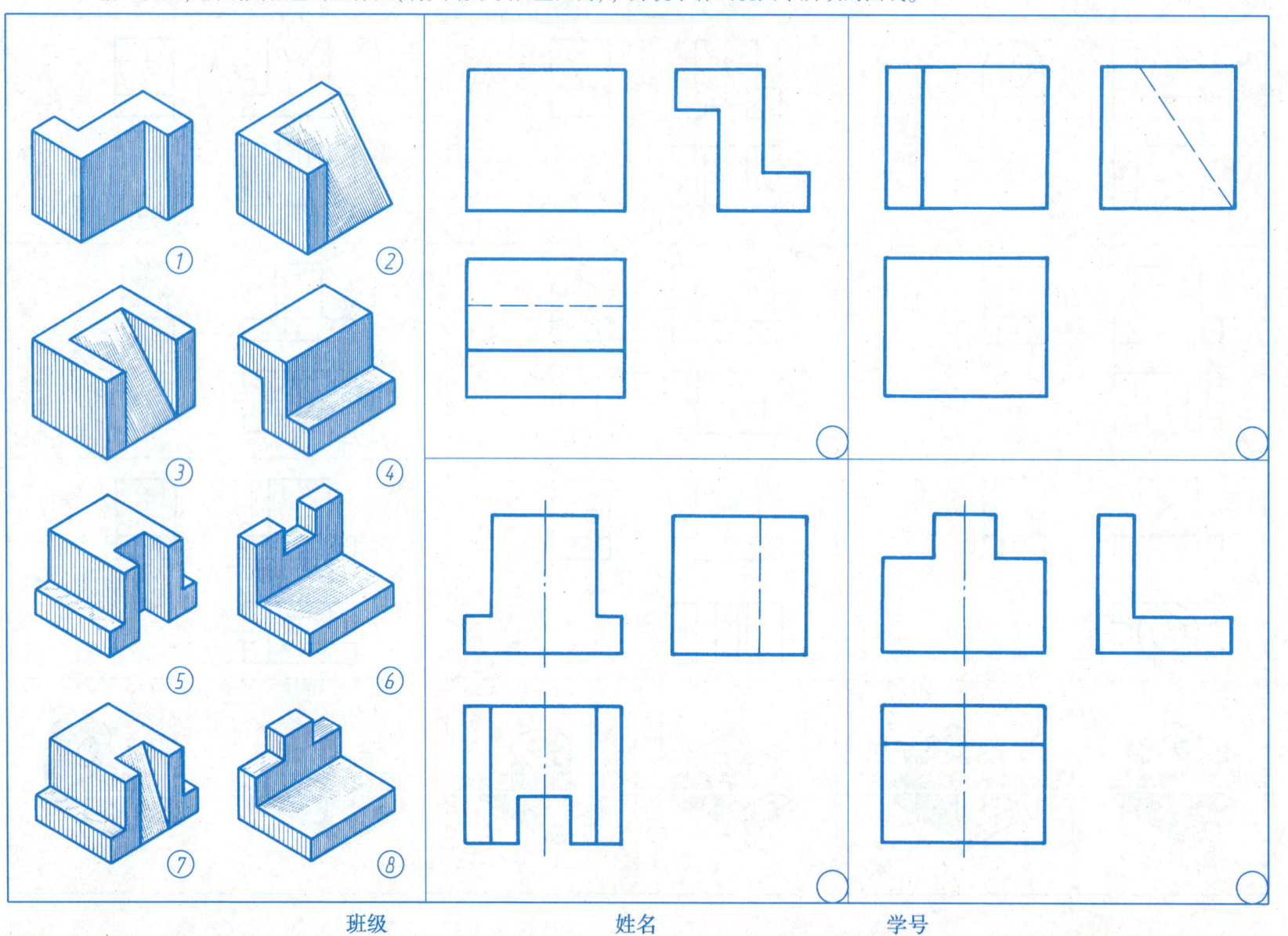

2-4 第1、2、3题：根据两视图，参照轴测图补画所缺的第三视图；第4题：根据俯视图，完成主视图、左视图(形状自定)。

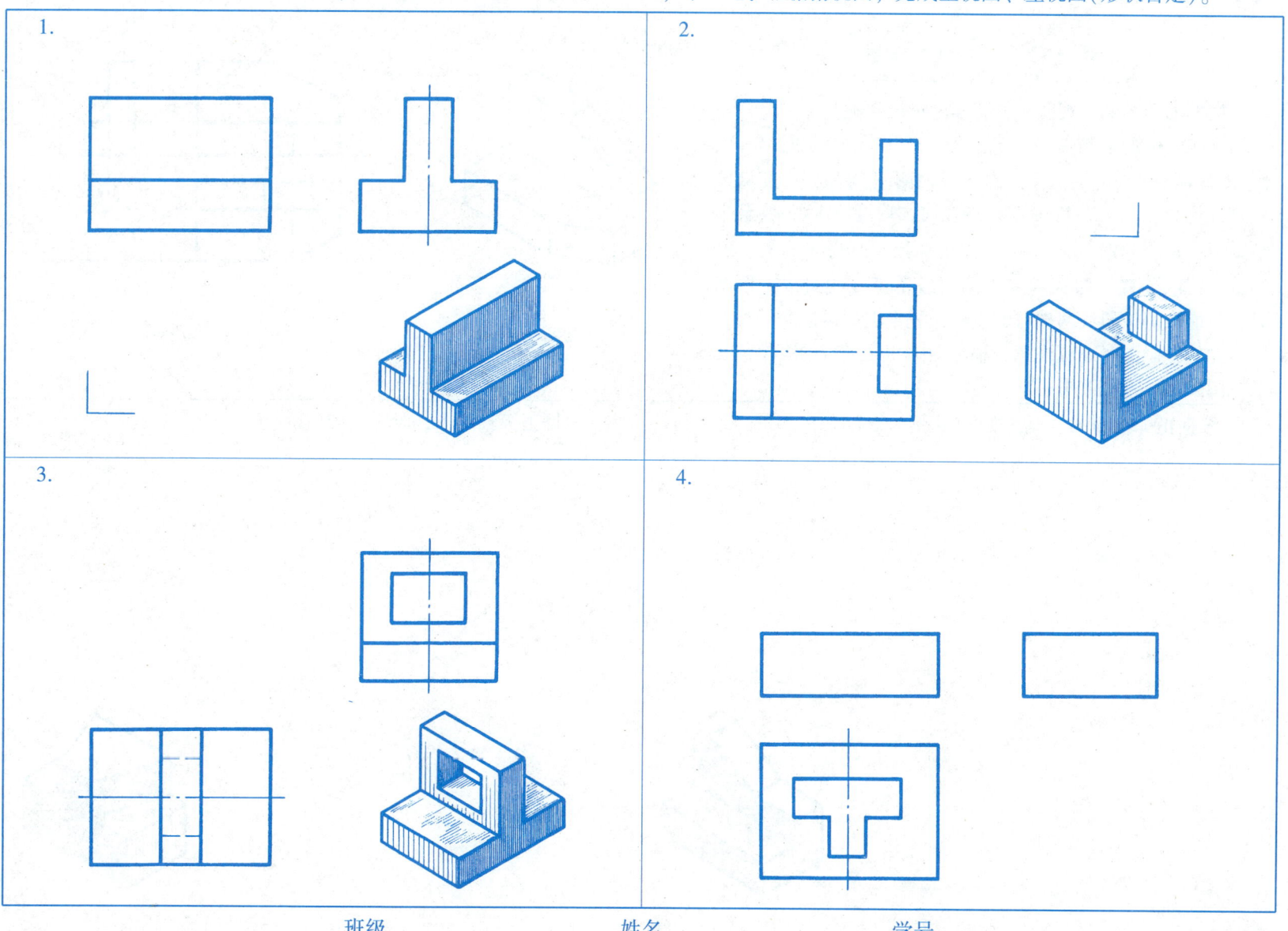

2-5 做题前必读(在轴测图上量取尺寸的方法)。

根据轴测图画三视图时,怎样度量尺寸呢?

　　轴测图中的轴测轴 X_1、Y_1、Z_1 与三视图中的投影轴 X、Y、Z 有着一一对应的关系。在正等轴测图(右图)中度量尺寸时,凡与 X_1、Y_1、Z_1 轴平行的线段,均可按 1∶1 取至三视图中,且应分别与 X、Y、Z 轴相平行。但与 X_1、Y_1、Z_1 轴不平行的线段,即轴测图中的斜线不可直接量取。作图时,只能依据该斜线两端点的坐标,先定点,再连线。

　　此外,画图时还应注意,轴测图中相互平行的线段,在三视图中也一定相互平行。

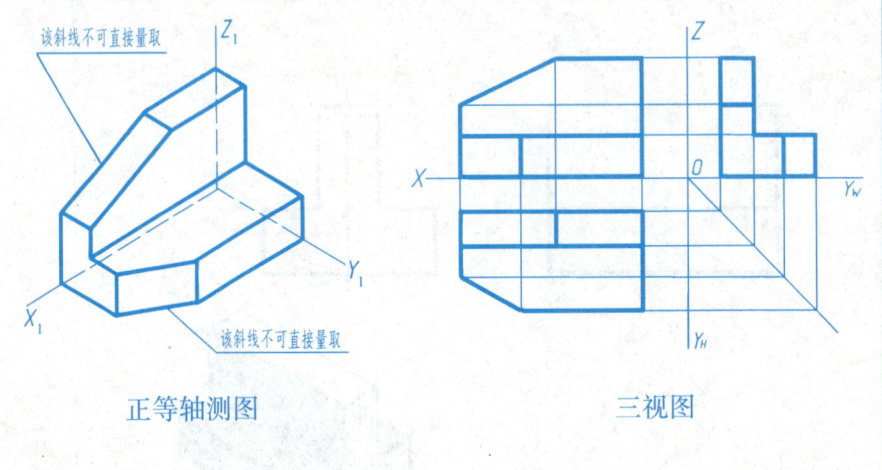

正等轴测图　　　　　　三视图

1. 根据正等轴测图,画三视图(比例为 2∶1)。

2. 根据正等轴测图,画三视图(比例为 2∶1)。

班级　　　　　　姓名　　　　　　学号

2-6 根据轴测图,在方格纸上徒手画出三视图(比例约为 1∶1)。

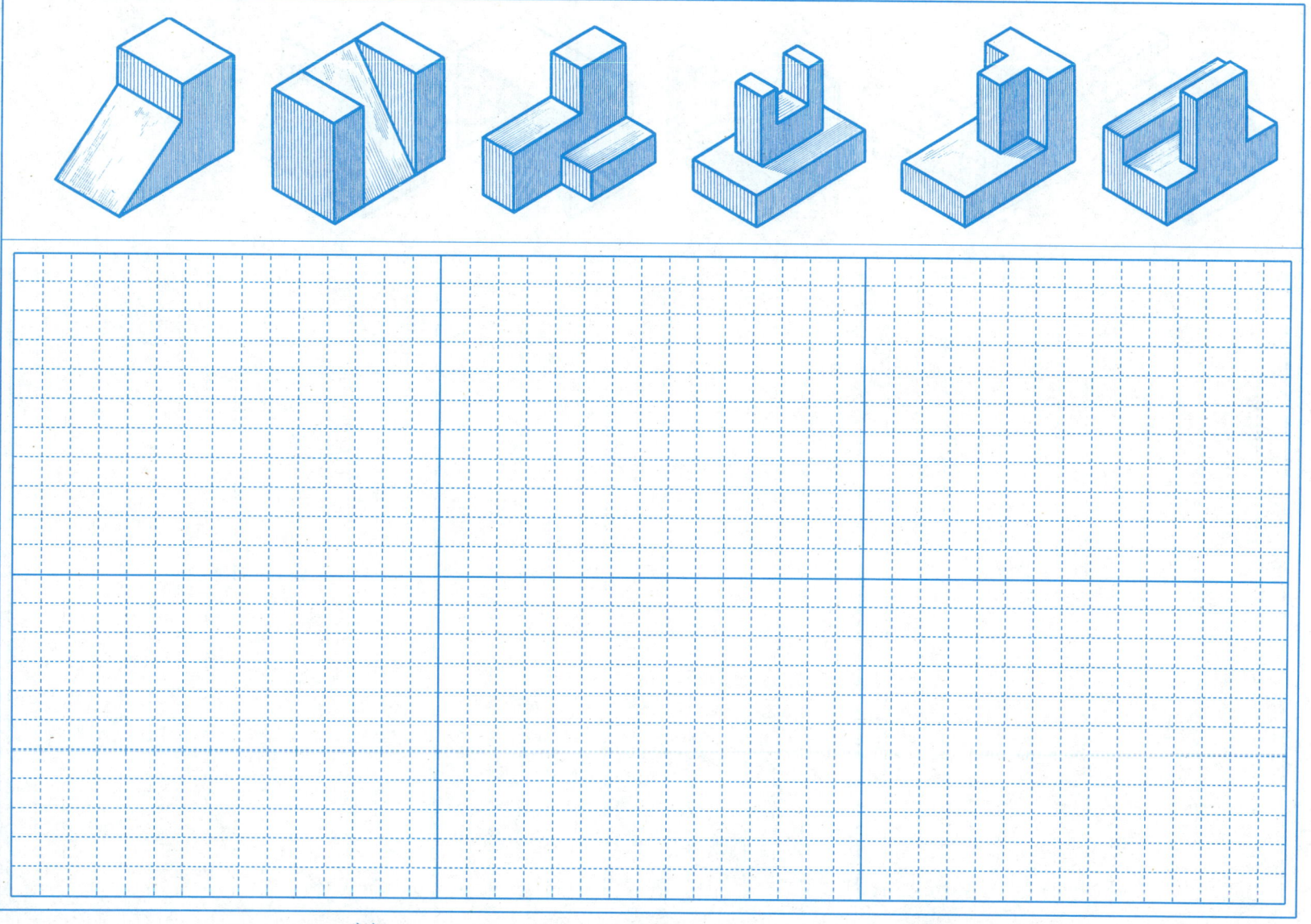

班级　　　　　　　姓名　　　　　　　学号

2-7 根据轴测图，在方格纸上徒手画出三视图。要求自己设计一个轴测图，并画出其三视图（分别画在右上角和右下角）。

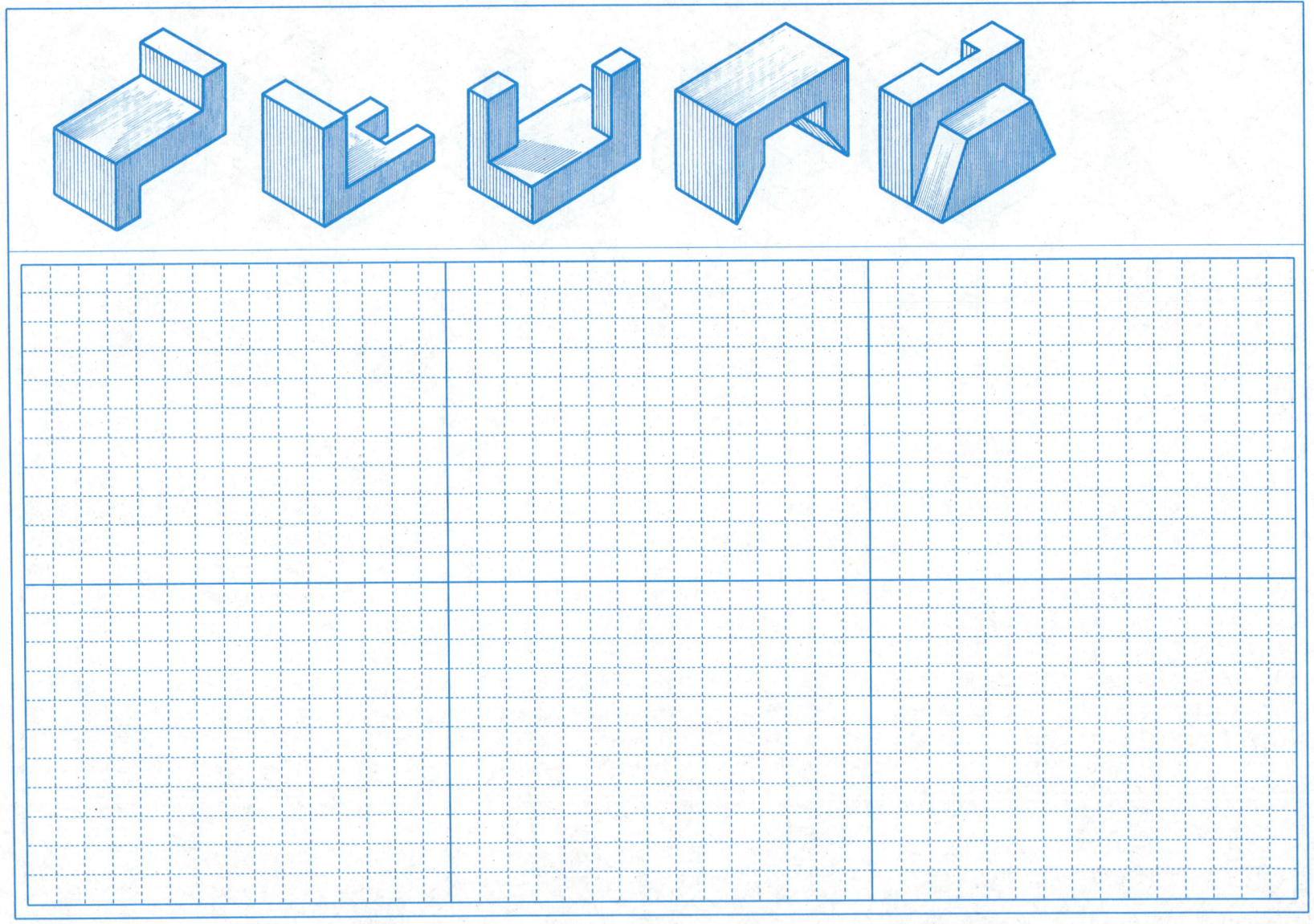

班级　　　　　　姓名　　　　　　学号

2-8 看视图想出物体形状,徒手补画视图中所缺的图线。

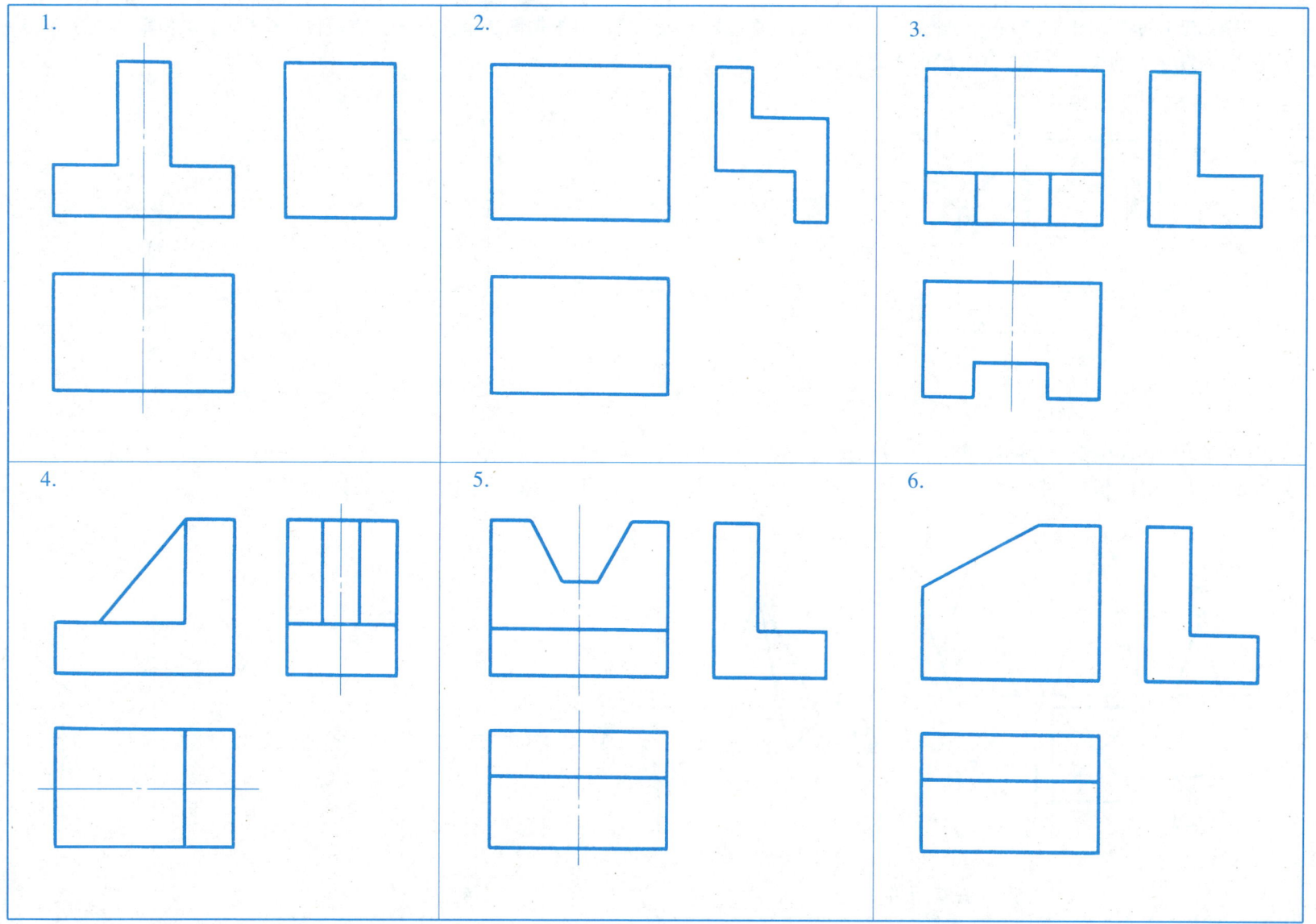

2-9 点的投影(一)。

1. 完成点 A 的轴测图(图1)；根据图1求作点 A 的三面投影图(图2)；再根据图2求作点 A 的轴测图(图3)(X、Y 值均增大1倍，Z 值不变)，注全点的投影符号，并写出点 A 的坐标。

A(　　、　　、　　)。

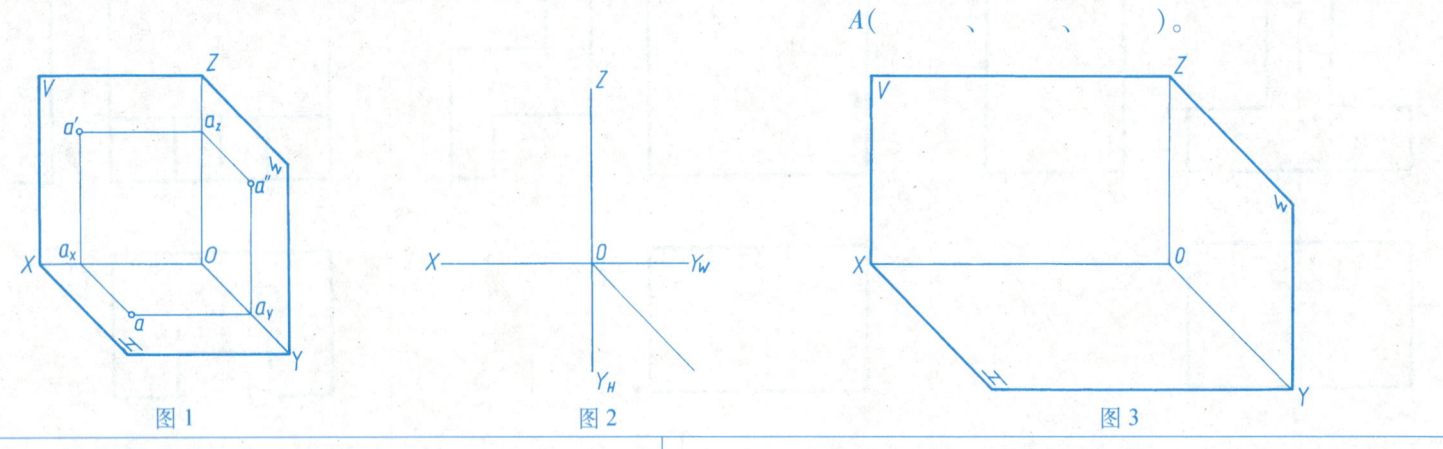

图1　　　　　　图2　　　　　　图3

2. 分别画出各四棱锥锥顶的投影连线，补全投影的标号，再比较锥顶点 Ⅰ、Ⅱ 的相对位置。

3. 已知点 A、点 B 的一面投影，又知点 A 距 H 面20mm，点 B 在 V 面上，求作点 A、点 B 的另两面投影。

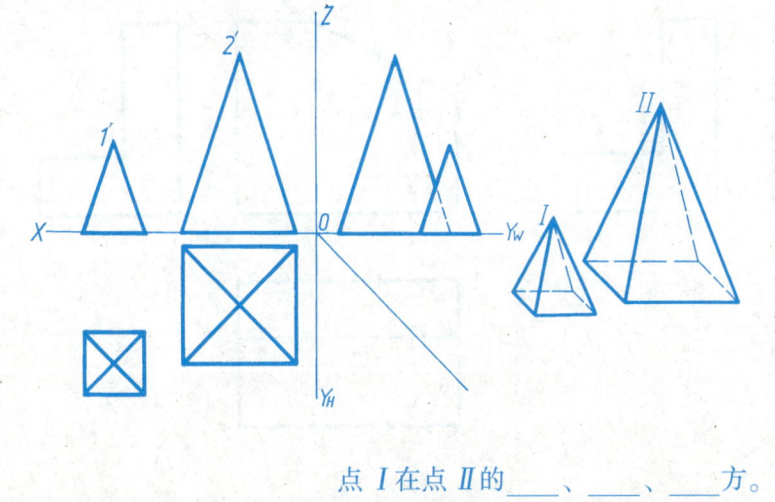

点 Ⅰ 在点 Ⅱ 的 ___、___、___ 方。

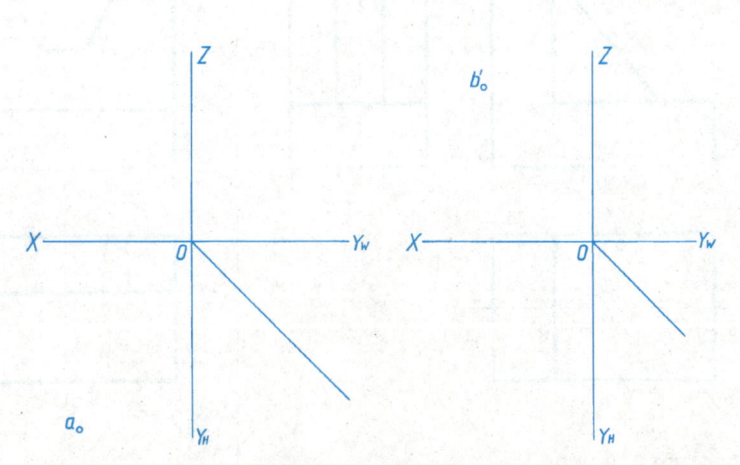

班级　　　　姓名　　　　学号

2-10 点的投影(二)。

1. 已知点 B 距 H 面 25mm、距 V 面 15mm、距 W 面 30mm，试作出点 B 的三面投影图。

2. 已知点 A 在点 B 的左方 20mm、下方 20mm、前方 10mm，求点 A 的三面投影，并说明两点的相对位置。

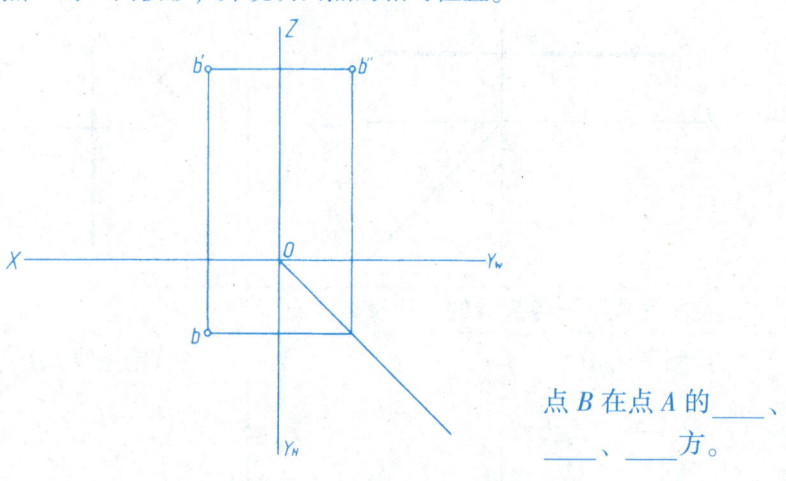

点 B 在点 A 的 ___、___、___ 方。

3. 已知点 E 在 W 面上，点 F 在 H 面上，在轴测图上标出 e、e′、e″及 f、f′、f″。根据给出的两面投影，求 e 及 f″，并写出两点的坐标。

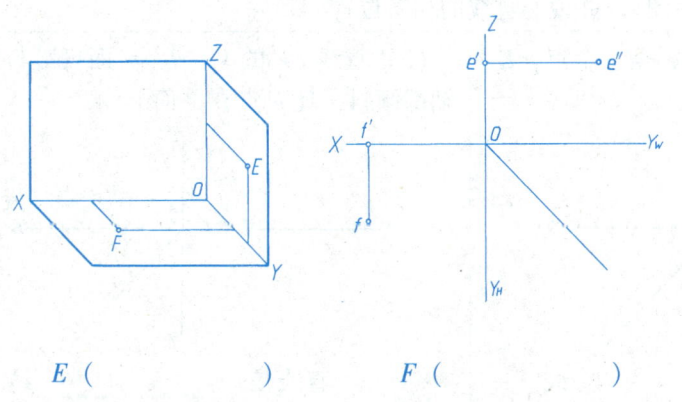

E (   )　　　　F (   )

4. 在正五棱台的主视图、左视图和轴测图上注出俯视图中指出的相应字母，并比较两点的相对位置。

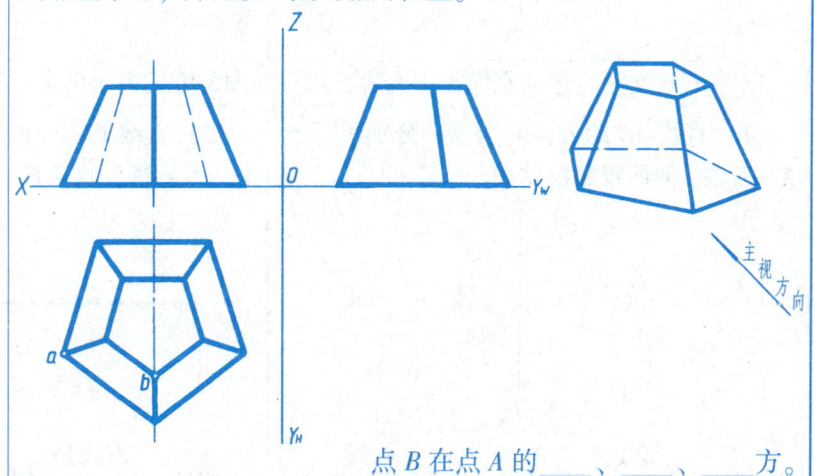

点 B 在点 A 的 ___、___、___ 方。

班级　　　　姓名　　　　学号

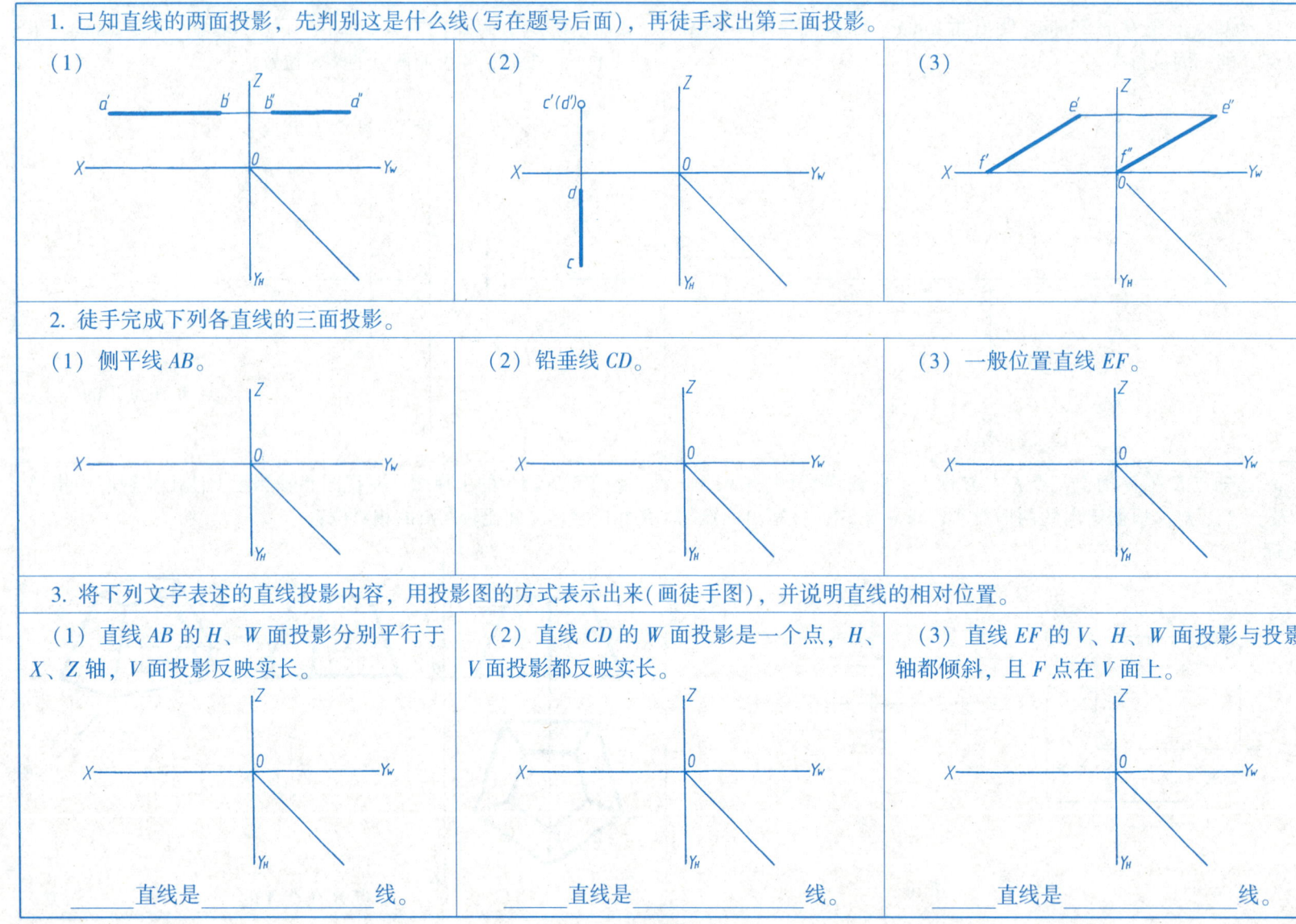

2-12 直线的投影(二)。

1. 已知点 B(35,14,6)，试在下图中完成直线 AB 的投影图和轴测图。(单位:mm)

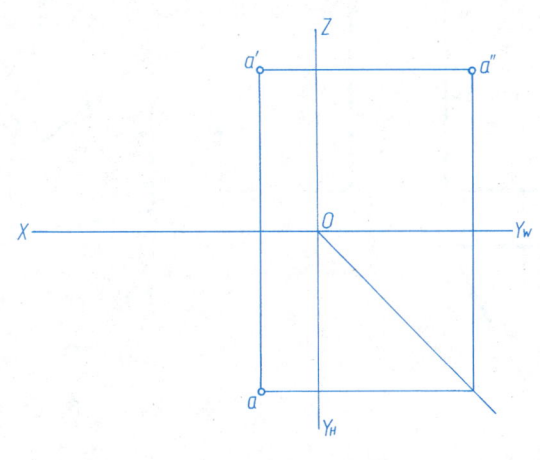

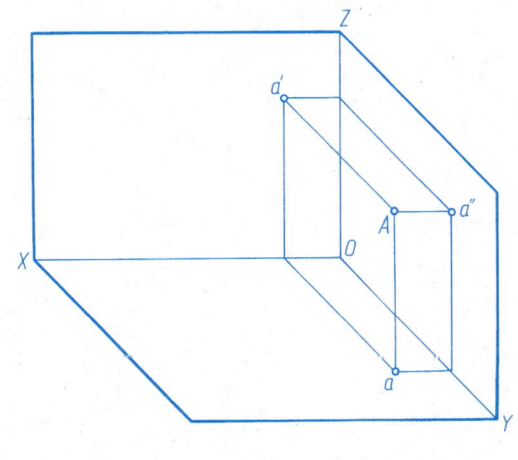

2. 在轴测图中，画出物体上各点与其三面投影的连线，并回答问题。

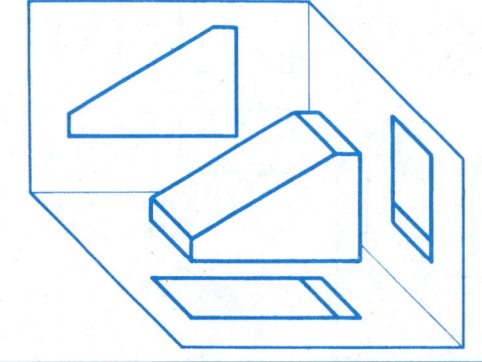

物体上共有

_____ 条正垂线。

_____ 条正平线。

_____ 条铅垂线。

_____ 条侧垂线。

3. 已知 Ⅰ、Ⅱ、Ⅲ 三点分别在三棱锥的 SA、SB、SC 棱线上，求此三点的水平投影及侧面投影，然后将它们的同面投影用直线连接起来，并判别 ⅠA、ⅡB、ⅢC 直线的空间位置。

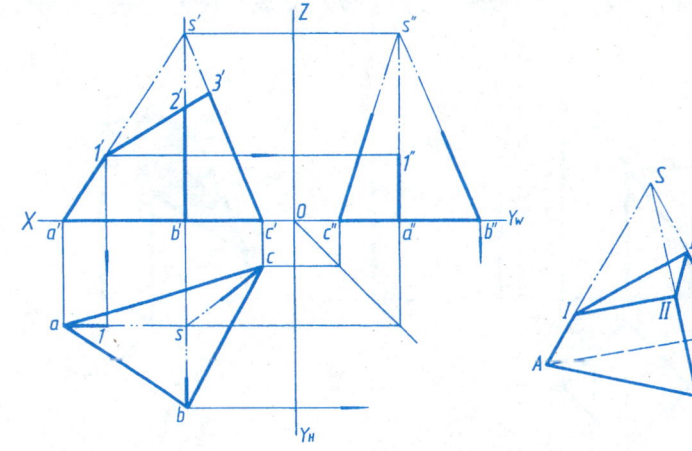

ⅠA 是 _____ 线，ⅡB 是 _____ 线，ⅢC 是 _____ 线。

班级　　　姓名　　　学号

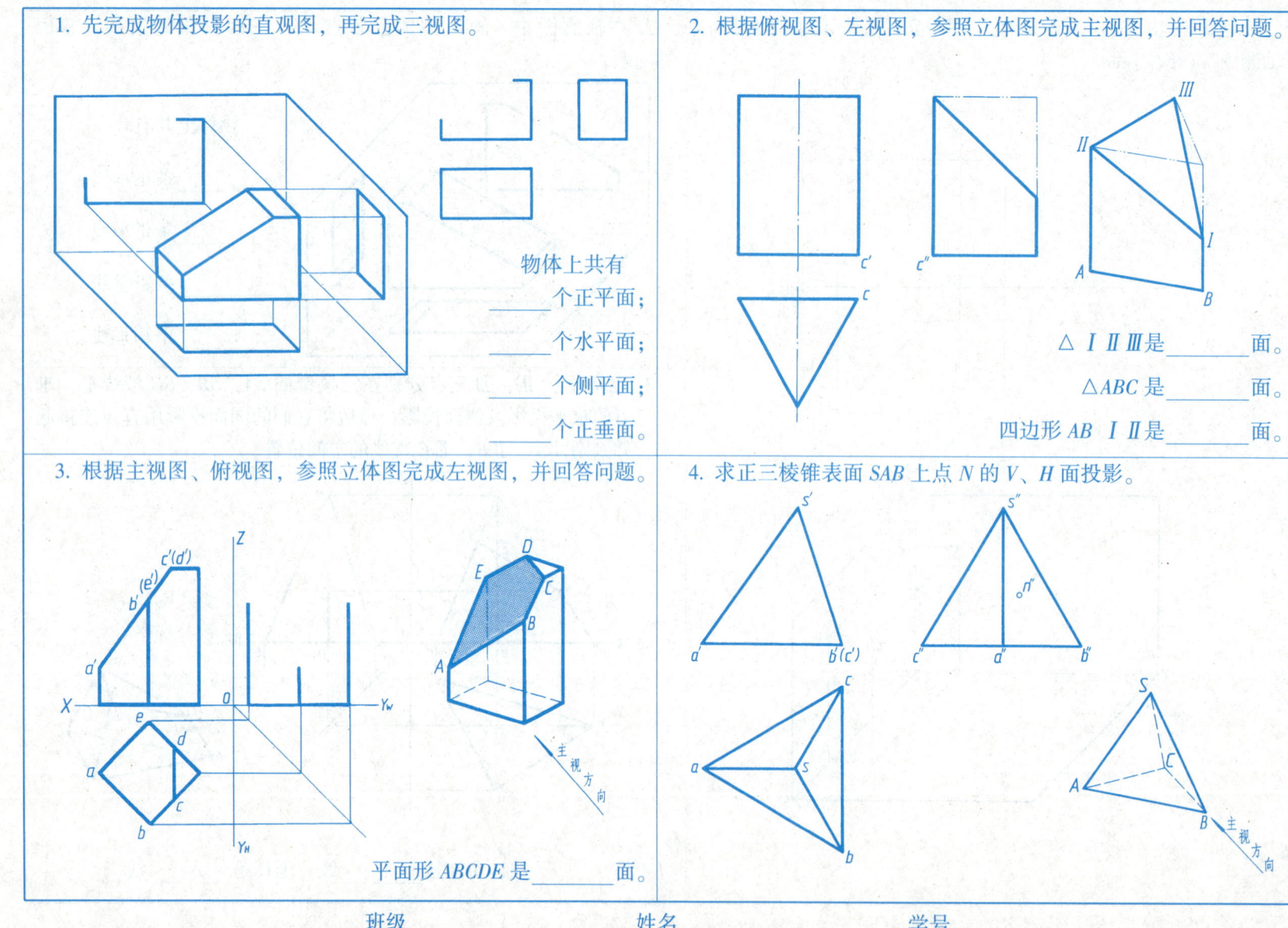

2-14 平面的投影(二)。

1. 从视图中的斜线 I 出发，在另两视图中找出对应投影(将其三面投影和轴测图中的相应表面涂色)，并说明其空间位置。

(1)

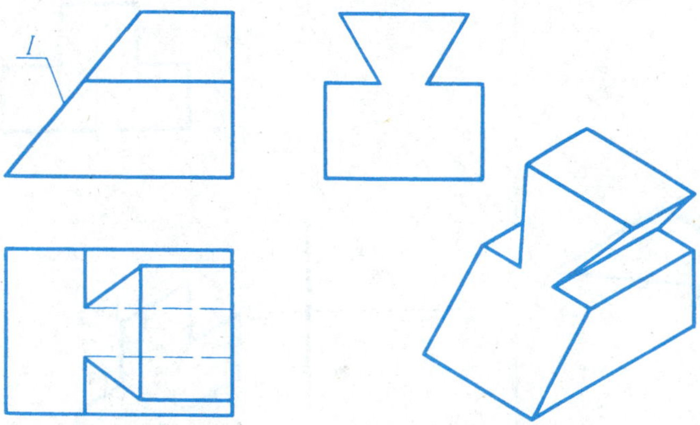

该平面是_____面。

(2)

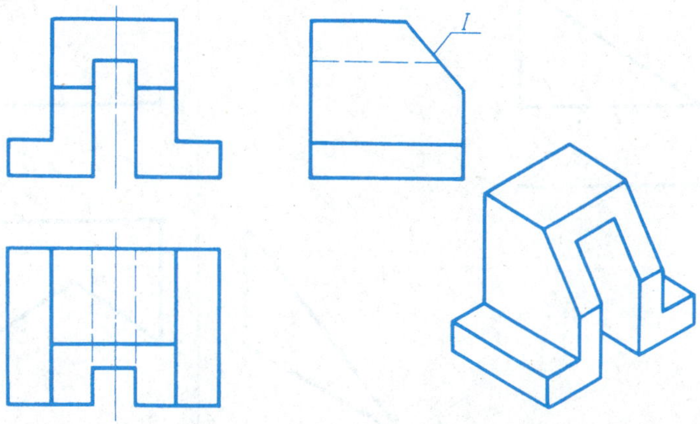

该平面是_____面。

2. 被切正六棱柱的上端面为一正垂面，试完成该棱柱的 W 面投影。

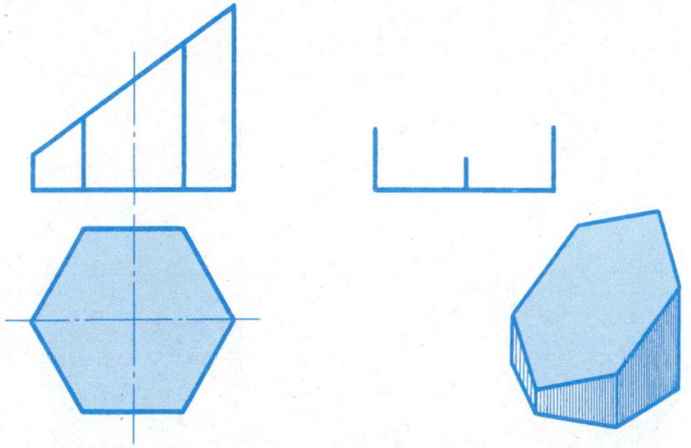

3. 开槽四棱柱的前端面为一侧垂面，试完成该棱柱的 H 面投影。

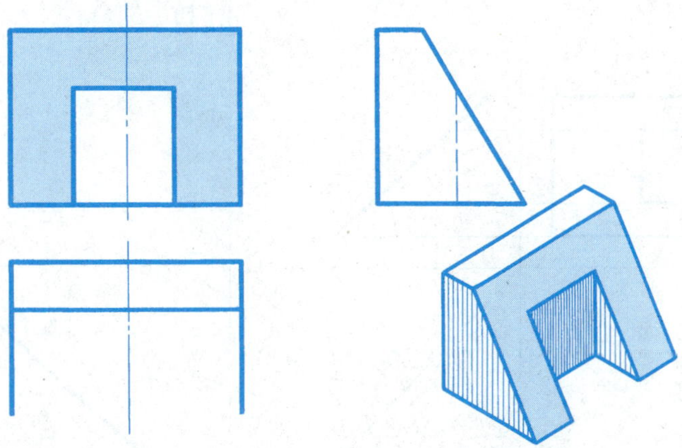

由上述作图可知，视图中的斜线一般是物体上斜面(投影面垂直面)的投影，与斜线对应的另两面投影一定是与原形边数相等的多边形(类似形)。掌握该投影特性对读图有益，对读切割体的视图尤其重要。

班级　　　　　　姓名　　　　　　学号

2-15 平面的投影(三)。

1. 求下列平面形的第三投影。再以投影图中的平面形作为一完整视图,按厚度为12mm,完成该形体的另两视图及其正等轴测图。

(1) (2) (3)

2. 求侧垂面的 H 面投影。

3. 根据投影面垂直面的积聚性投影,求另两面投影(平面形的形状自定,不应重样)。

(1) (2)

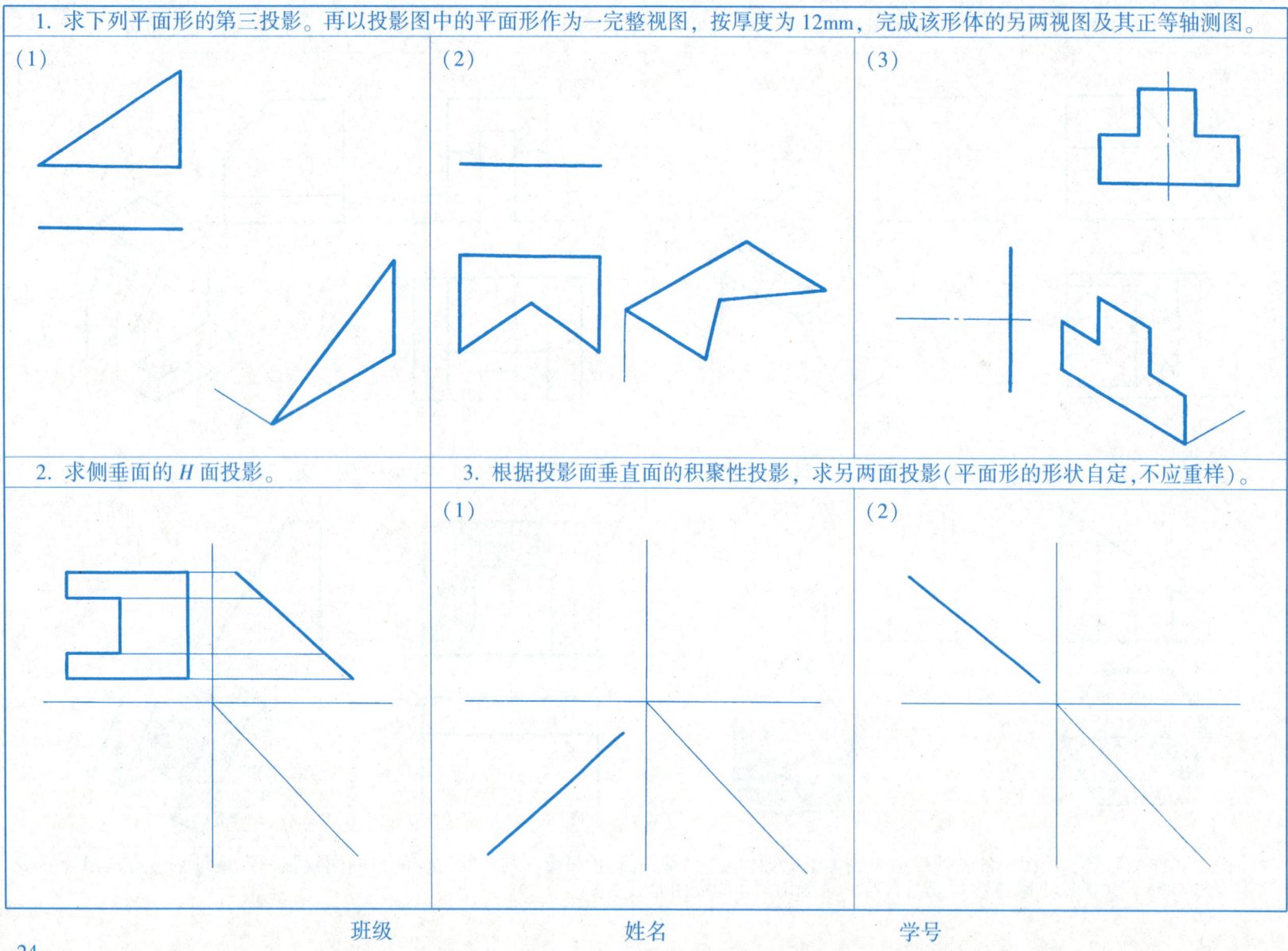

2-16 根据三视图想象几何体形状；补画视图中所缺的图线；辨认其立体图（在括弧内填入相应三视图的编号）。

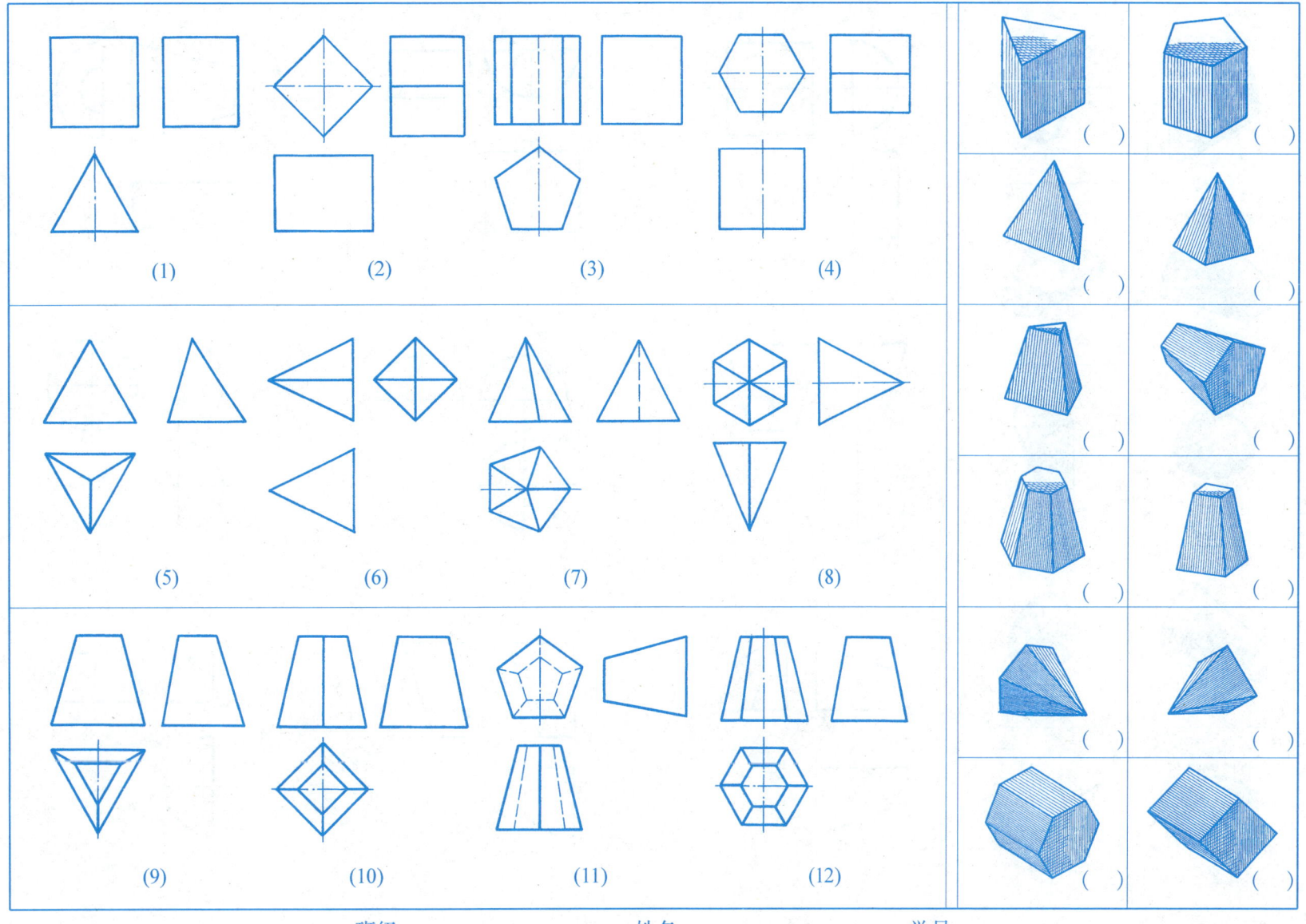

2-17 根据立体图想象三视图，再将它从右侧的三视图中找出来（在括弧内填入相应立体图的编号）。

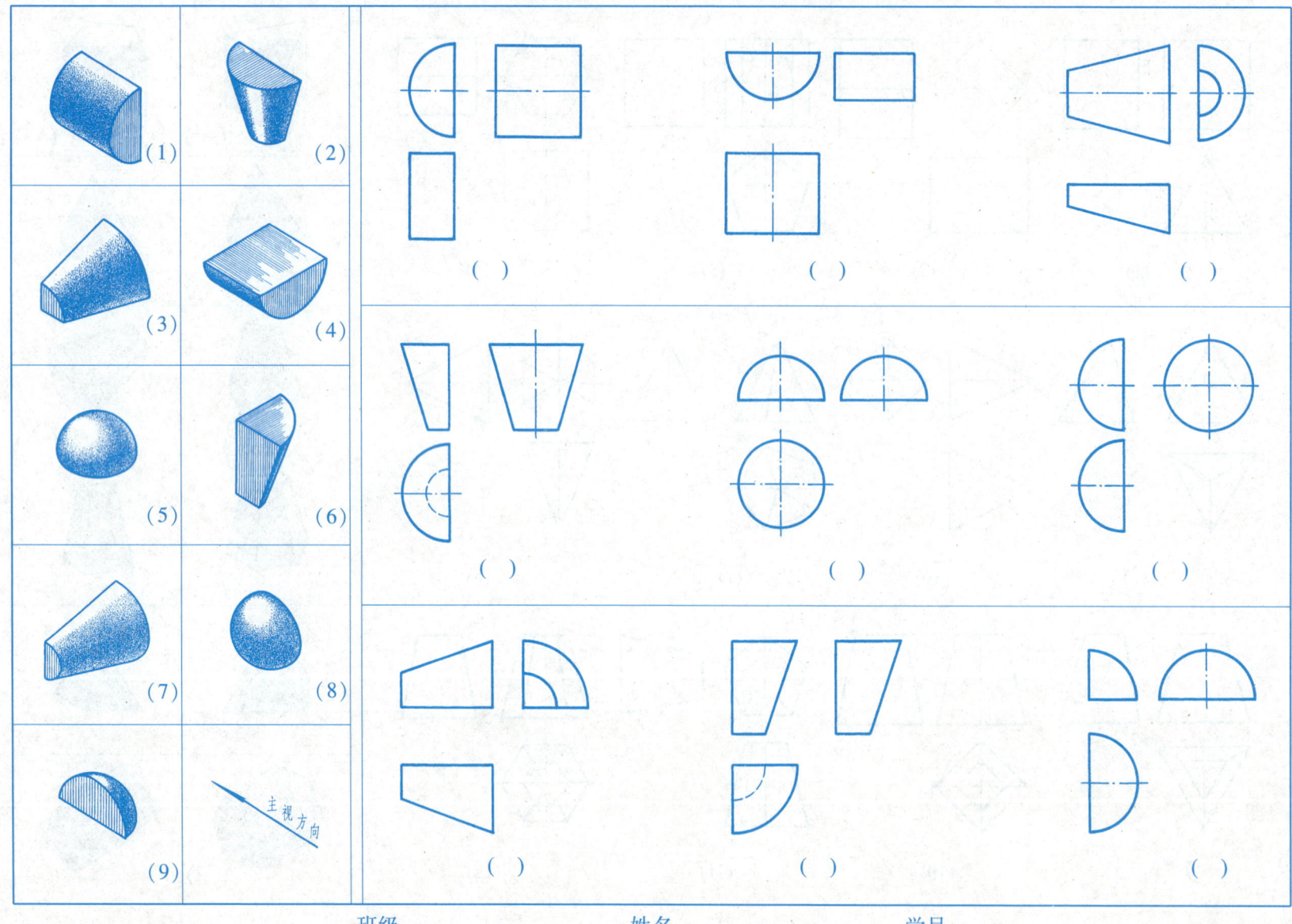

2-18 分析回转体表面上特殊位置素线的投影意义。

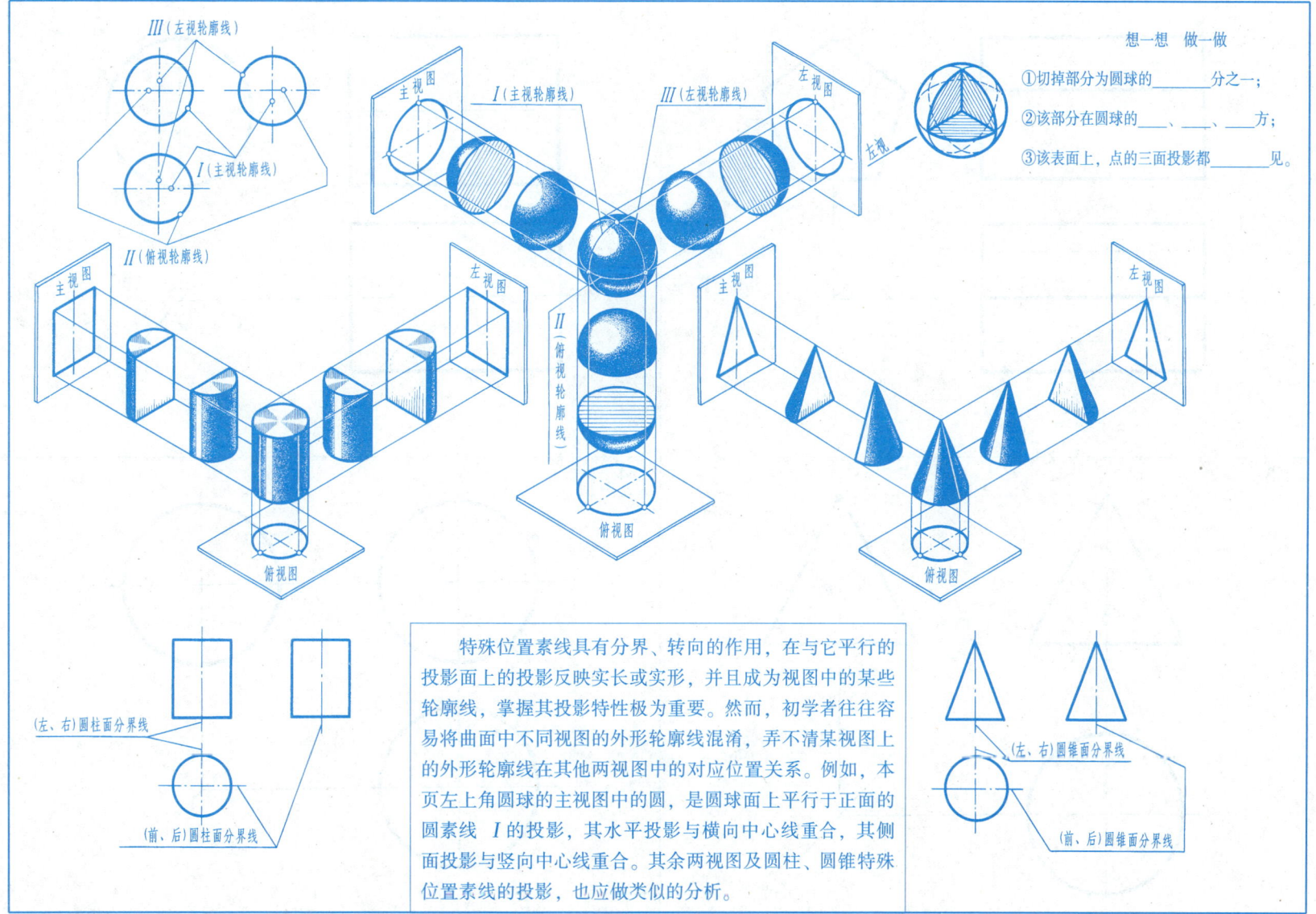

想一想 做一做
① 切掉部分为圆球的_____分之一；
② 该部分在圆球的___、___、___方；
③ 该表面上，点的三面投影都_____见。

2-19 已知几何体表面上点的一面投影,求作另两面投影。

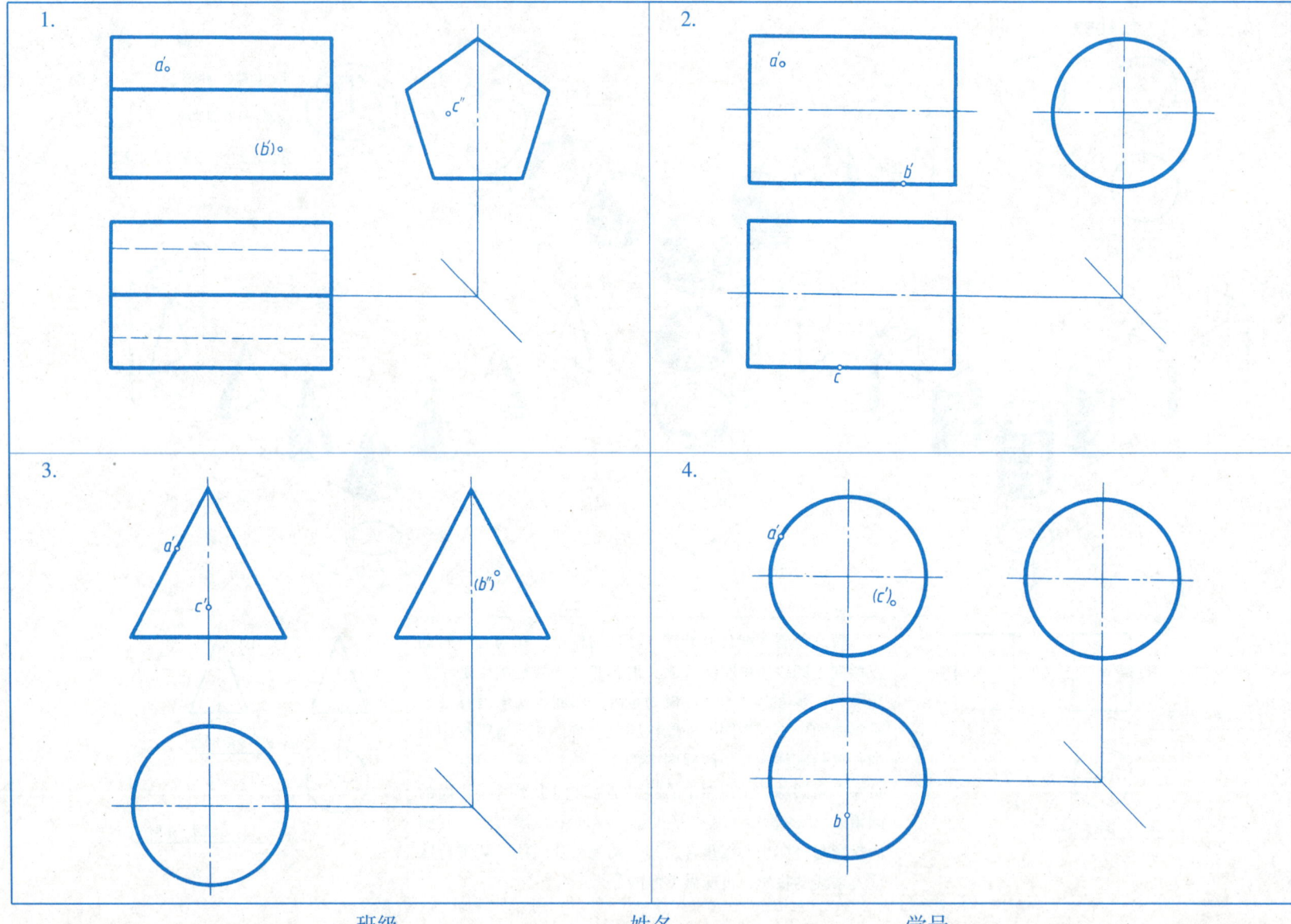

2-20 识读一面视图(根据一面视图,按要求补画其他视图,两几何体间必须以平面相接)。

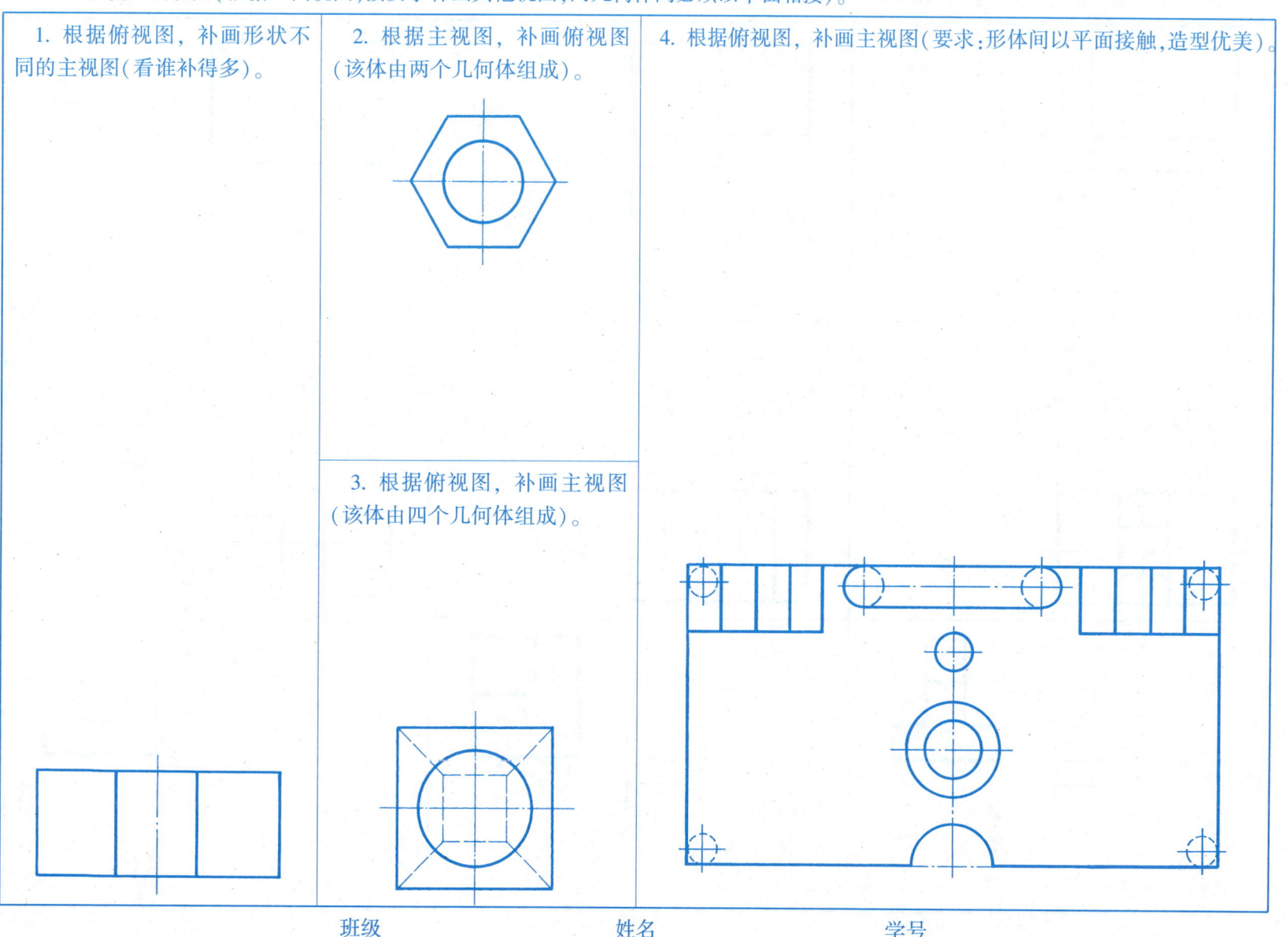

2-21 根据一面视图(主、俯、左),在指定位置补画其他两视图。

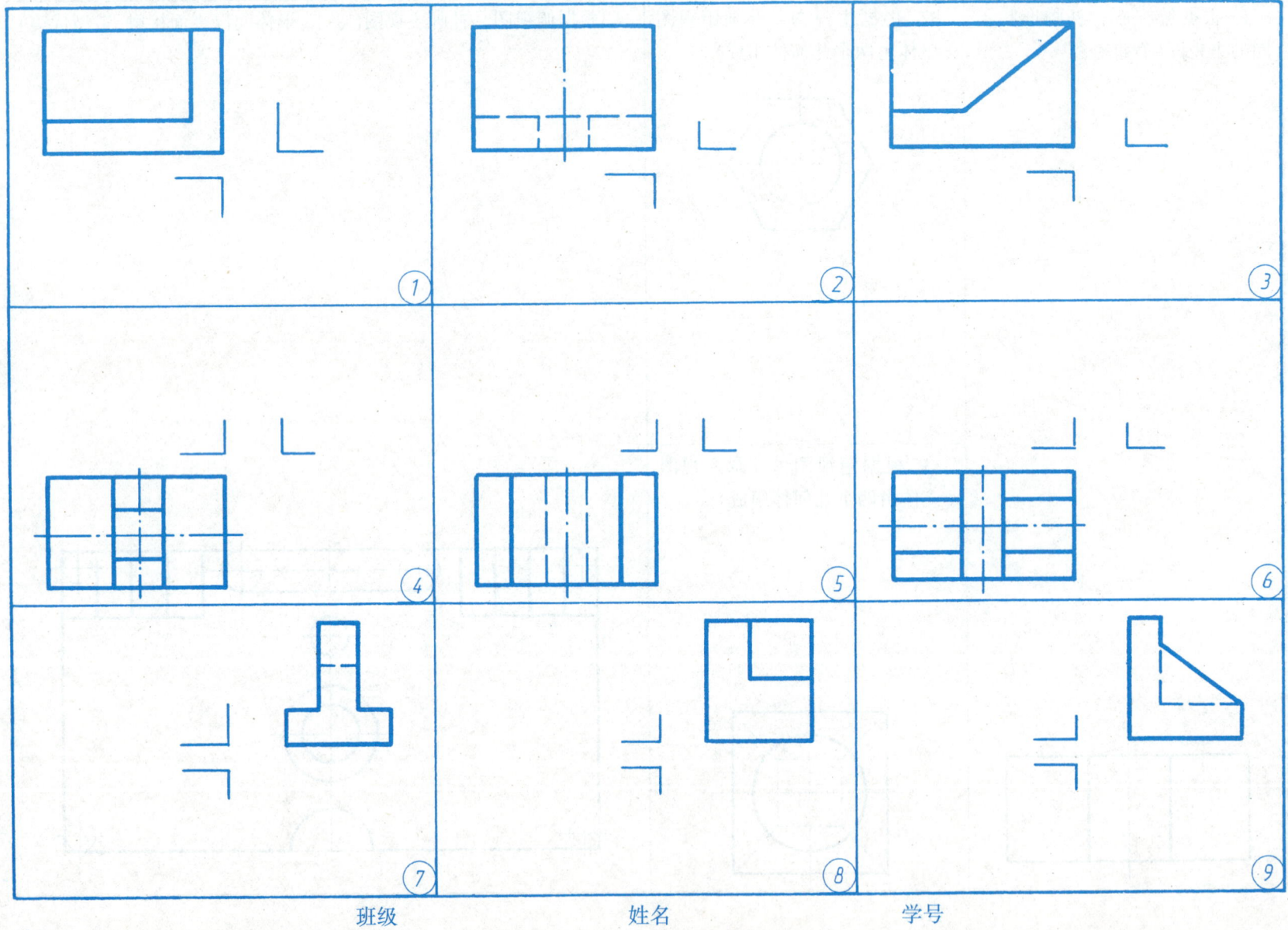

2-22 根据主视图、左视图，补画俯视图。

1.

*2.

班级　　　　　　　姓名　　　　　　　学号

31

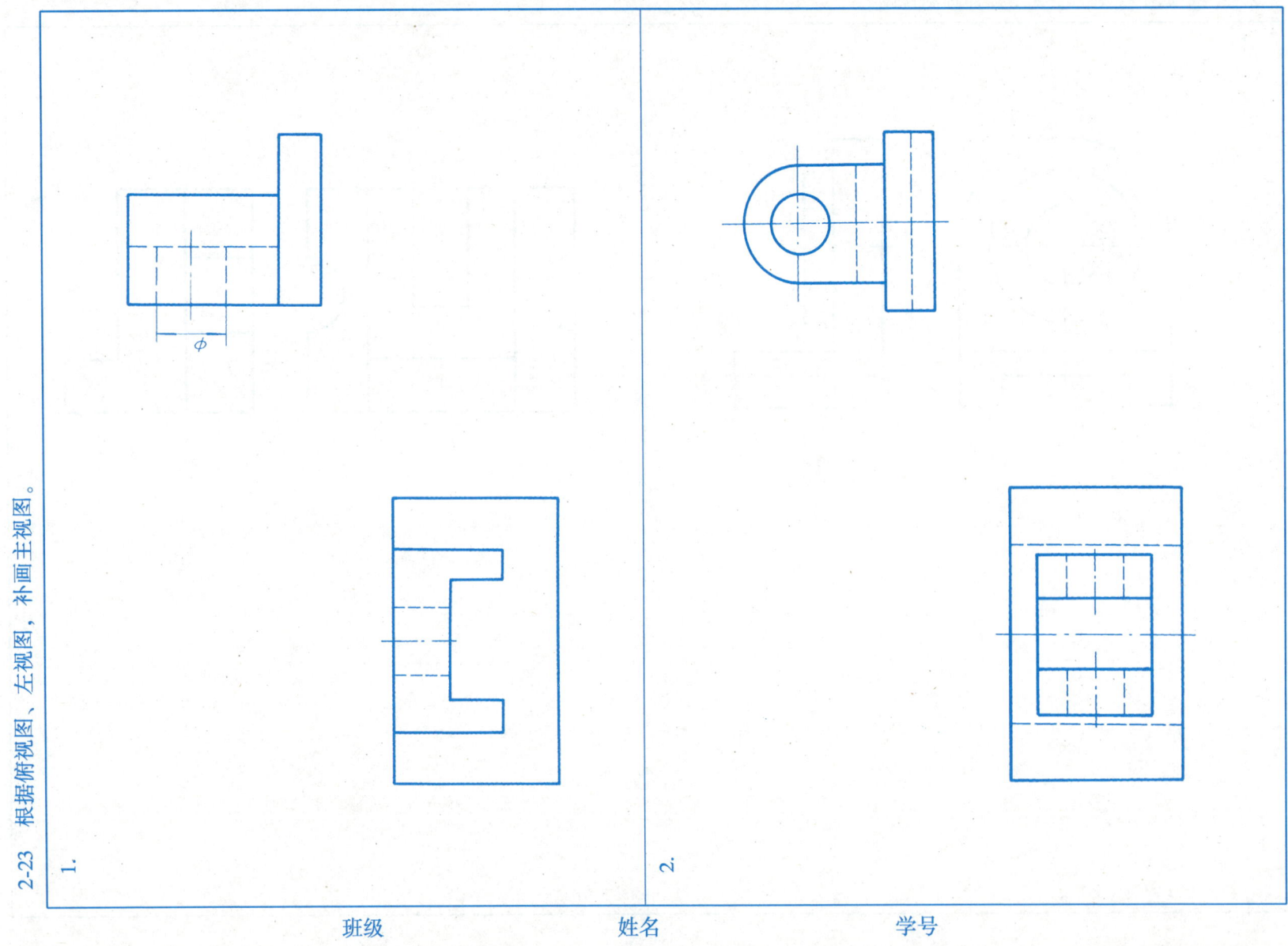

2-24 几何体的轴测图(一)。

1. 根据正五棱柱的两视图,画正等轴测图。

2. 根据两视图,画斜二等轴测图。

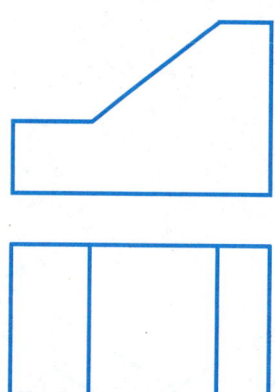

3. 先完成右下角四棱柱的轴测图,再根据两视图画正等轴测图,将其立在"四棱柱"的正中。

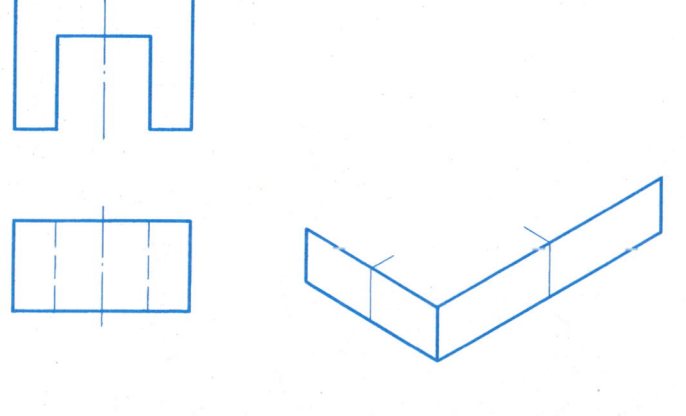

4. 先完成右下角正四棱柱的轴测图,再根据两视图画斜二等轴测图,将其立在"正四棱柱"的顶面上。

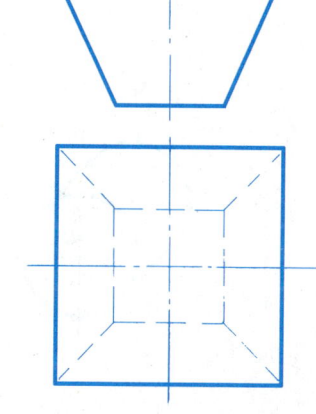
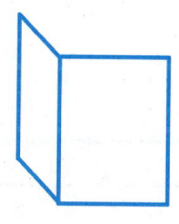

班级　　　　姓名　　　　学号

2-25 几何体的轴测图(二)。

1. 根据两视图画正等轴测图，将其立在"四棱柱"的正中。

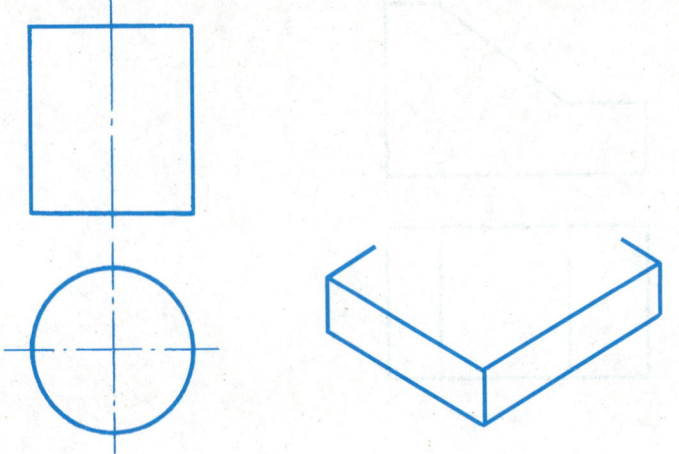

3. 根据轴测图完成三视图，再根据三视图按2∶1在下面定位处画出其轴测图。

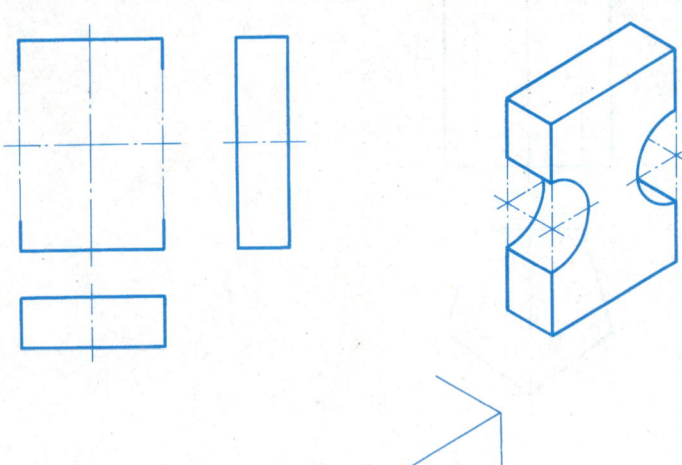

2. 根据圆柱的一面视图画斜二等轴测图。将其置于"小圆柱"后，并与之同轴、相接。

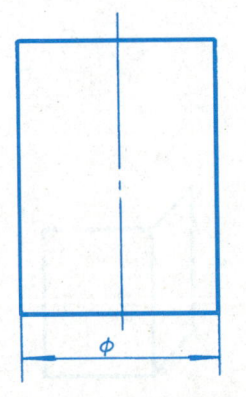
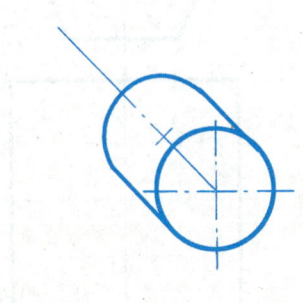

班级　　　　　姓名　　　　　学号

2-26 根据物体某一表面(上面、前面或左面)的轴测投影，徒手完成该物体的轴测图(另一轴向尺寸图中已通过不同形式给定)。

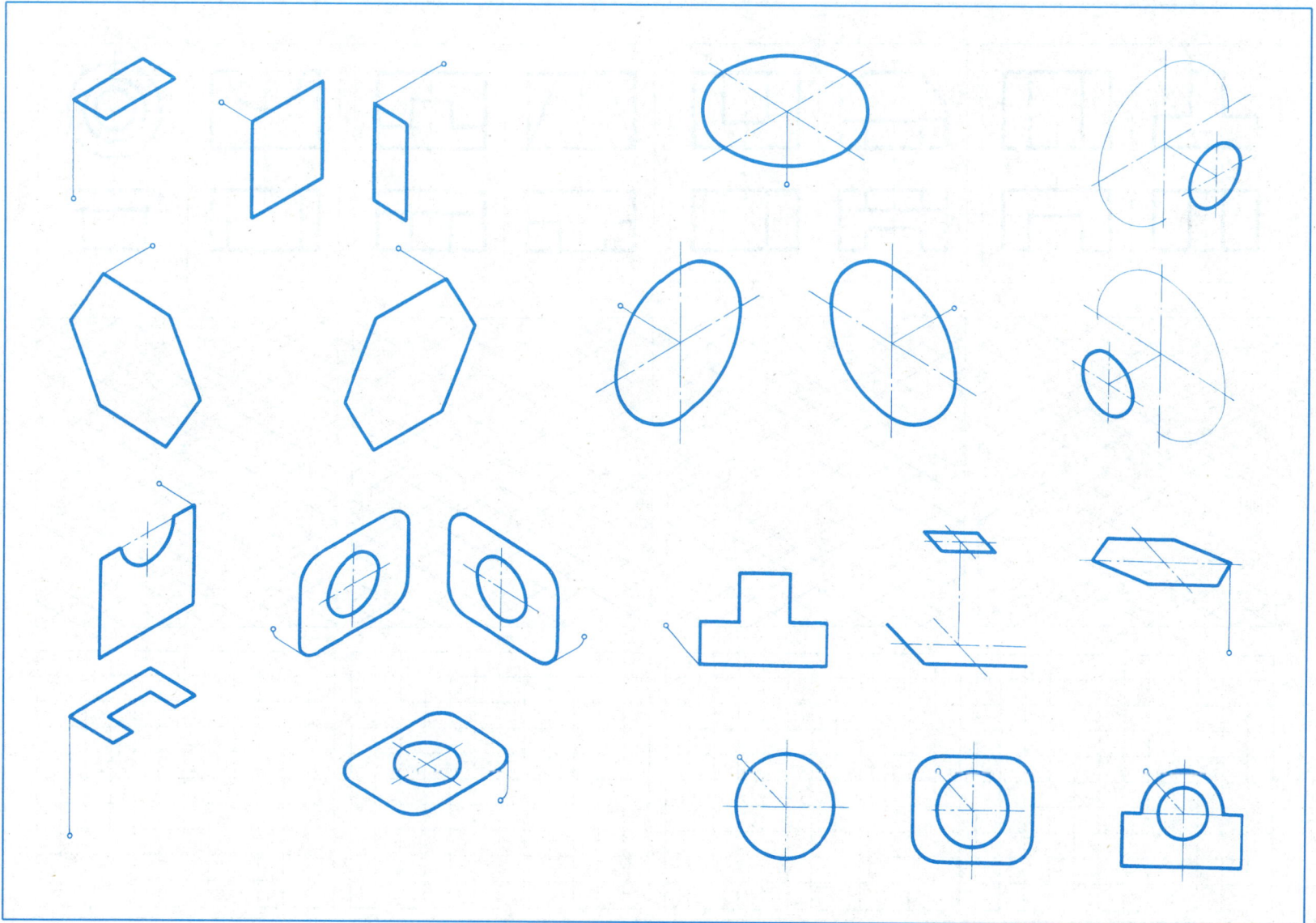

2-27 根据两视图徒手画轴测图(斜格上方的四组图,每组左侧的两视图画正等轴测图,右侧的两视图画斜二等轴测图)。

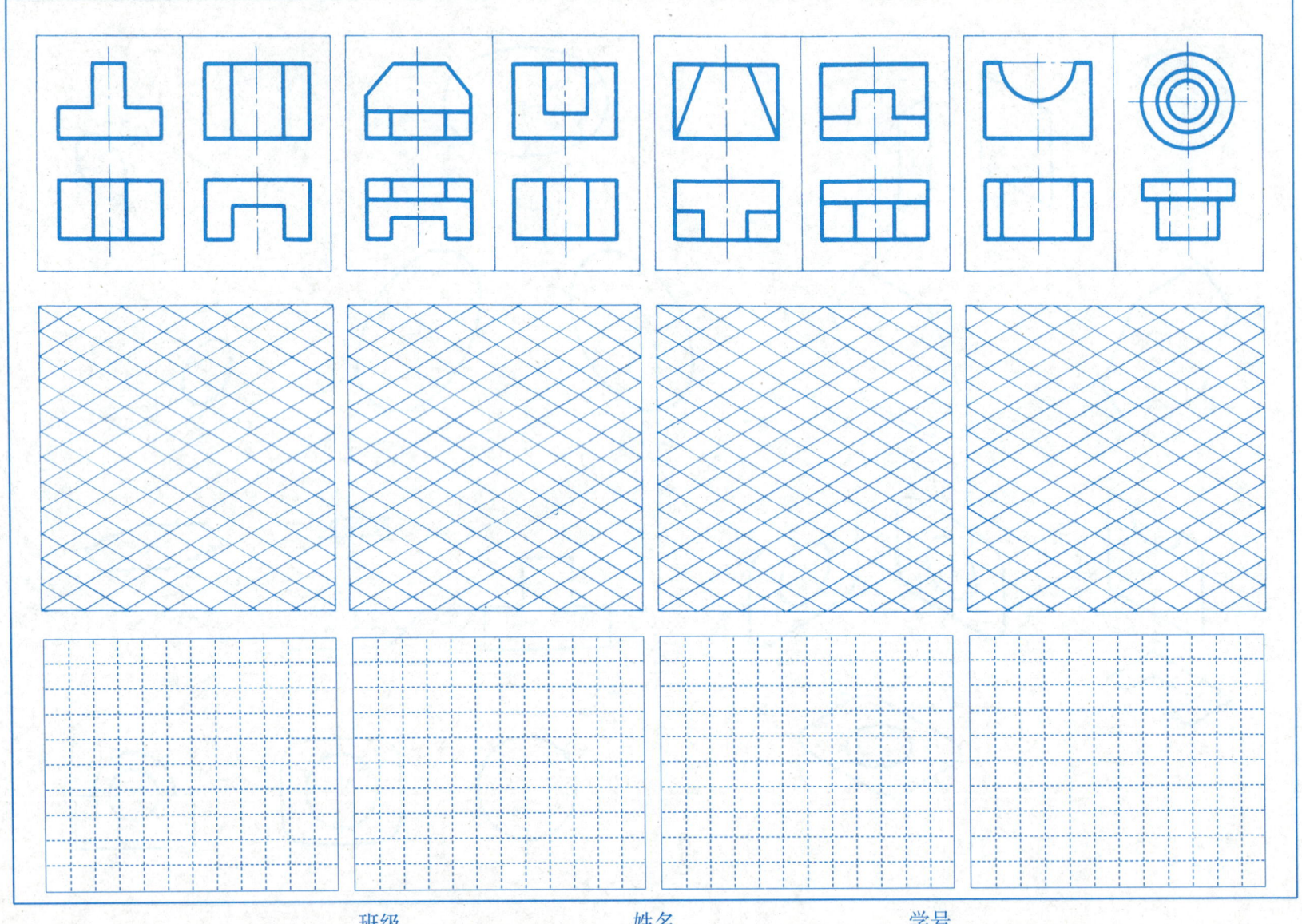

班级　　　　姓名　　　　学号

第三章 立体的表面交线　3-1　分析截交线，根据两视图补画第三视图。

1.

2.

3.

4.

班级　　　　　　　姓名　　　　　　　学号

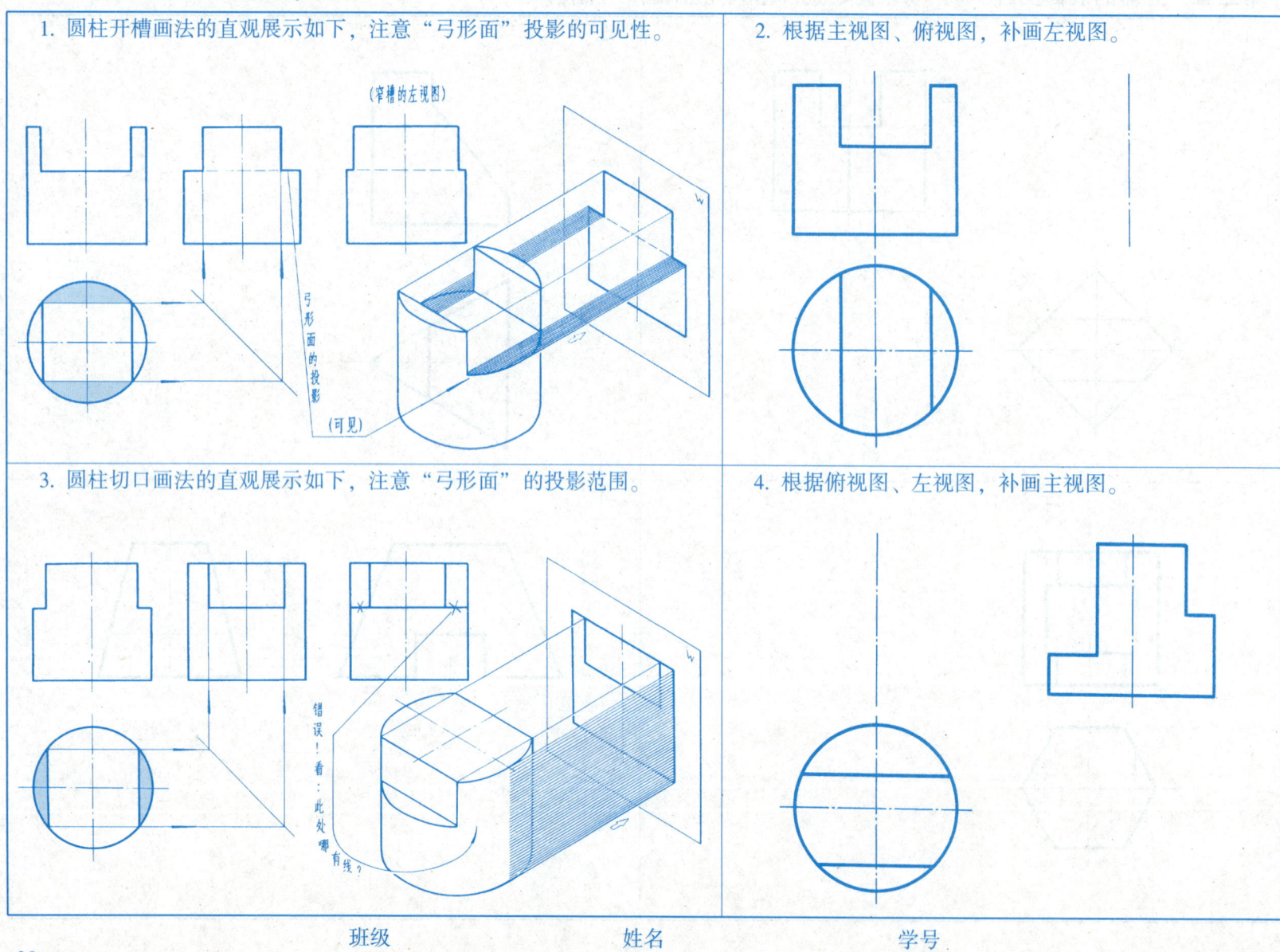

3-3 分析截交线，根据两个完整视图补全第三视图。

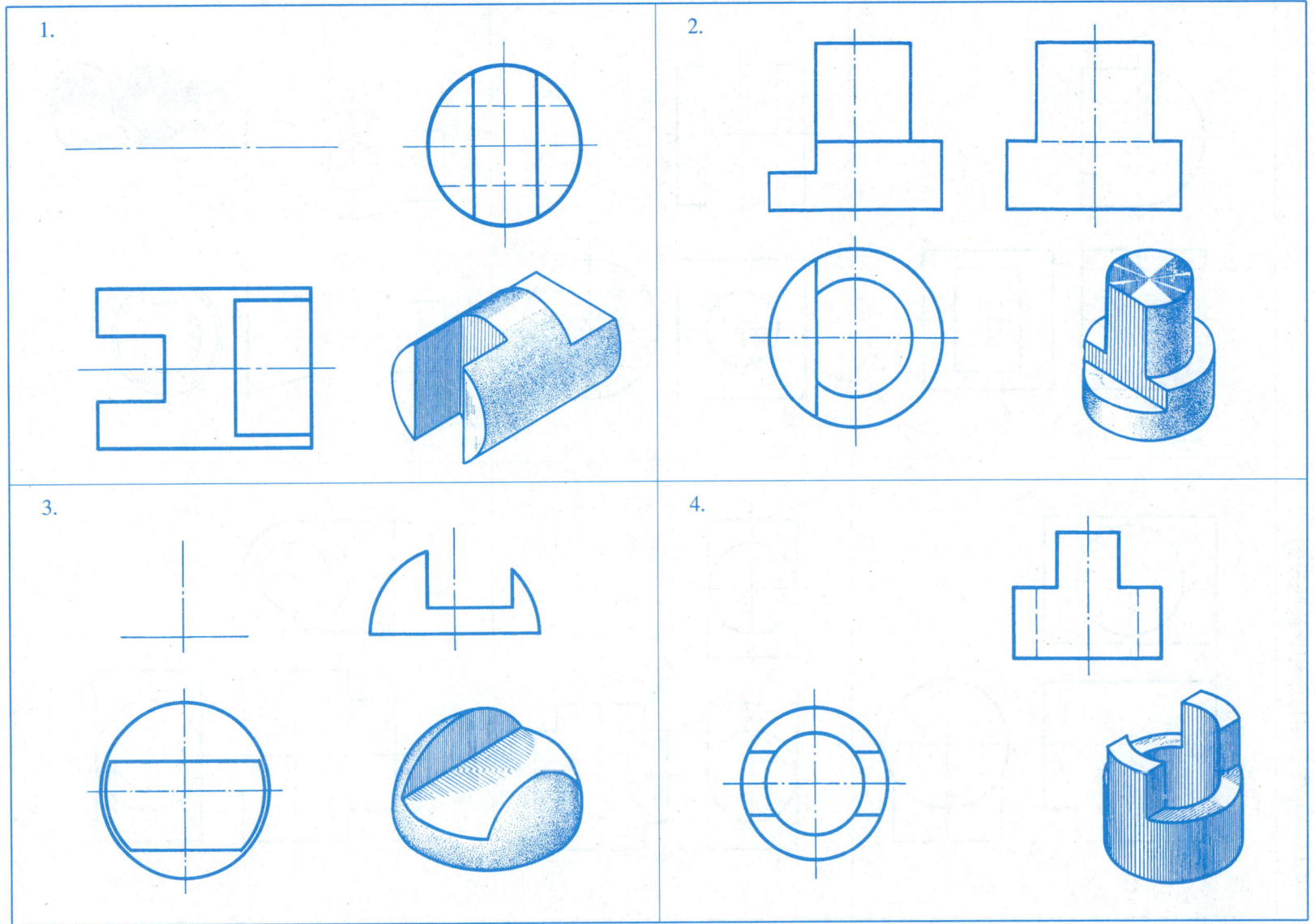

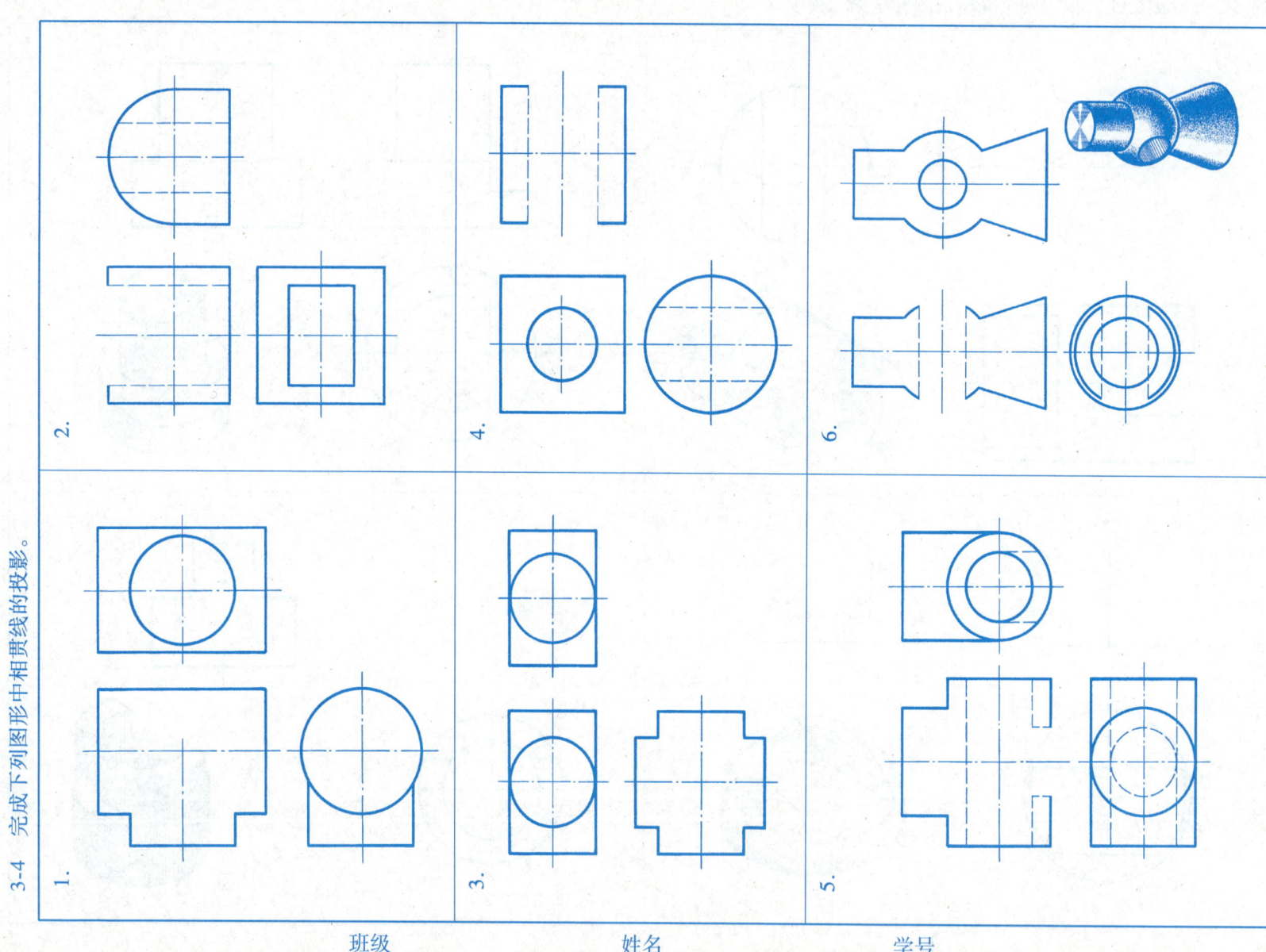

4-3 补画视图中所缺的图线。

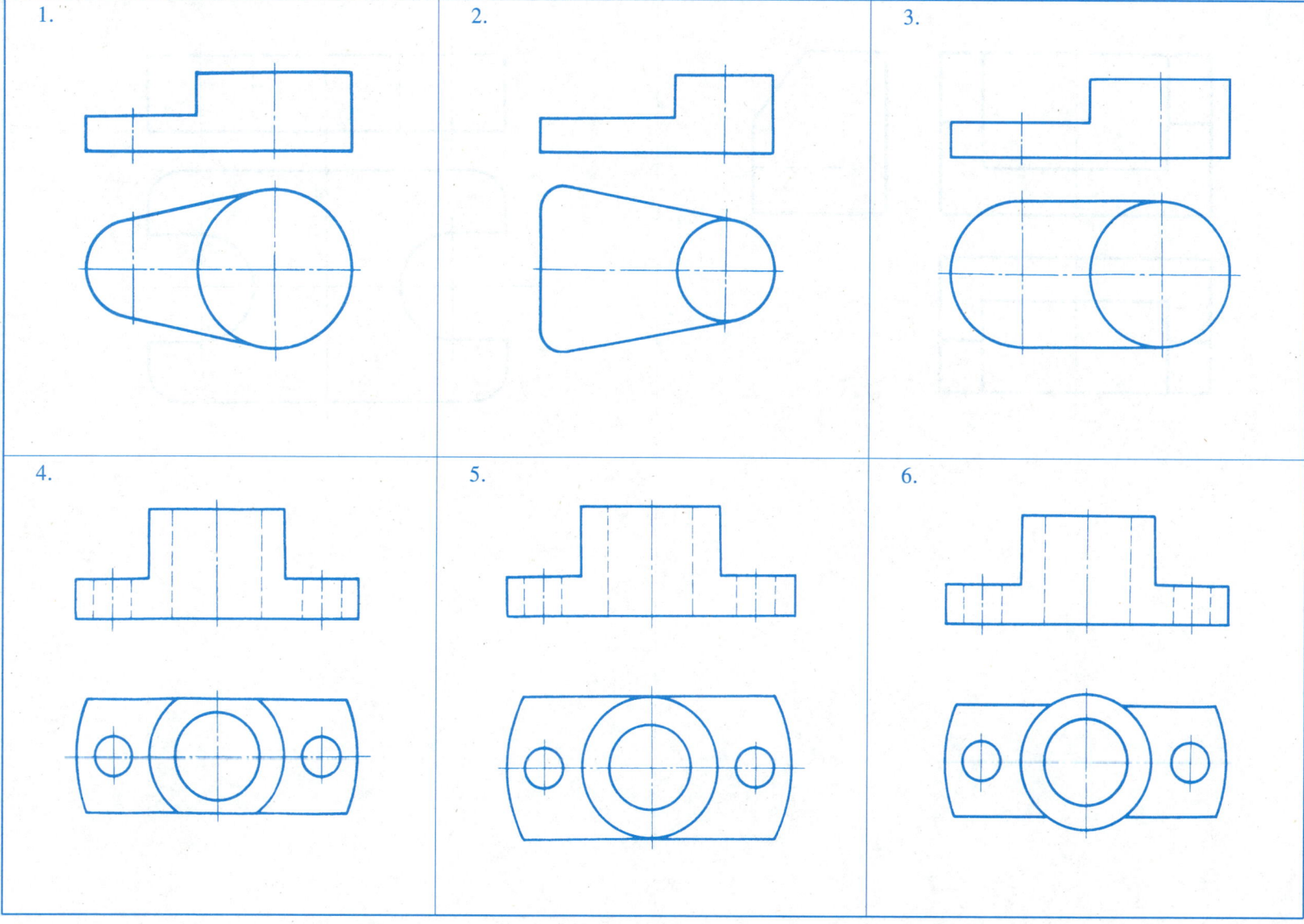

4-4 根据视图画正等轴测图(尺寸从视图中量取)。

1.

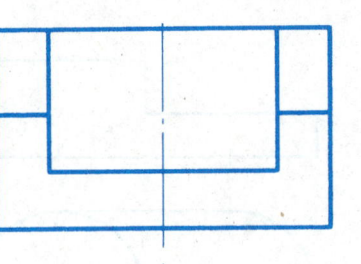

2.

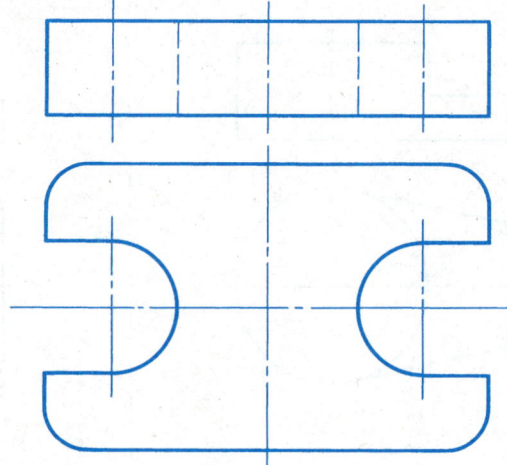

班级　　　　　姓名　　　　　学号

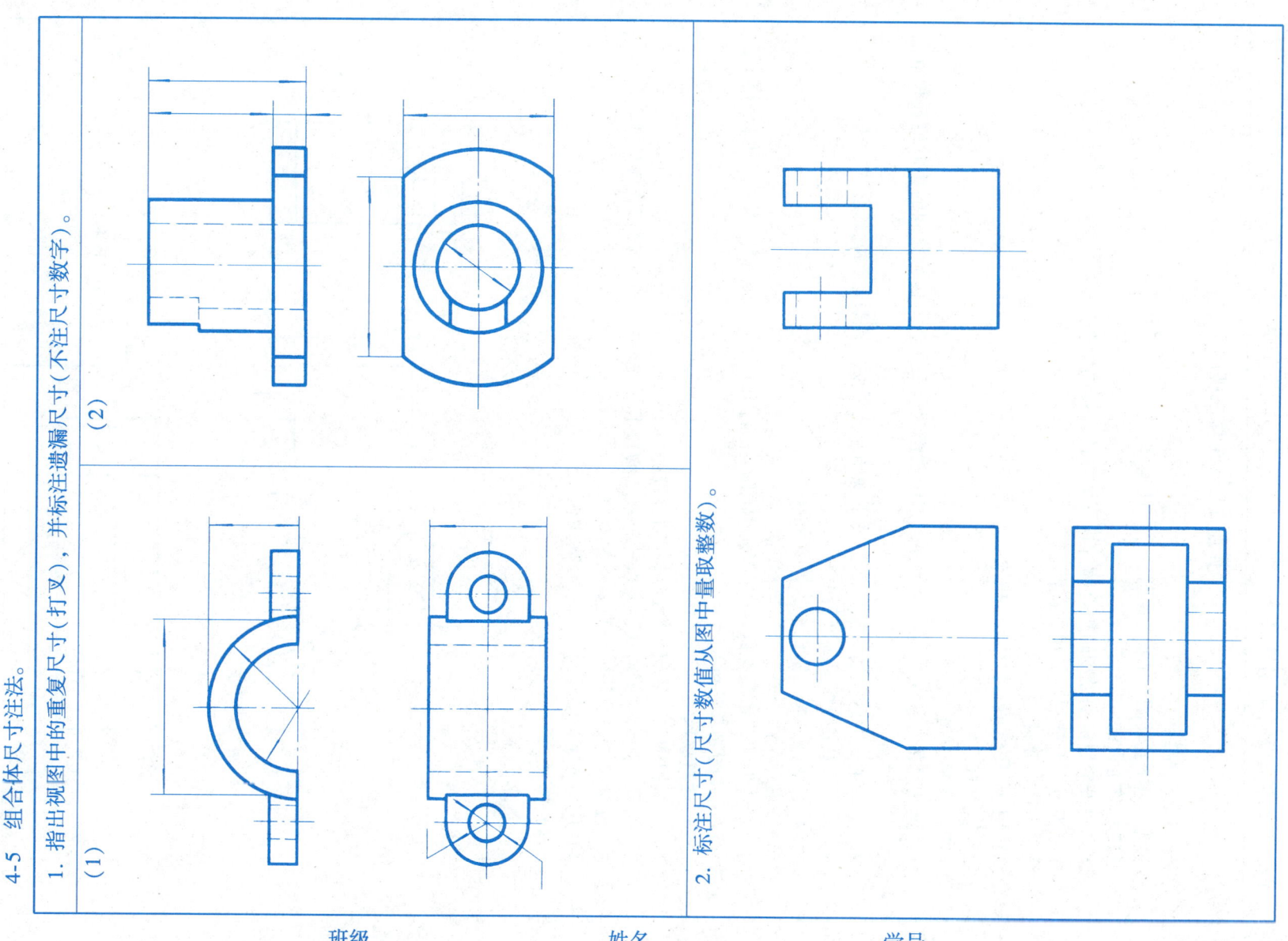

4-6 组合体画图作业指导书。

作业 2 组合体三视图

(一) 作业内容
根据模型（或轴测图）画三视图，并标注尺寸。

(二) 作业目的
1) 初步掌握根据模型画组合体三视图的方法，提高绘图技能。
2) 练习组合体视图的尺寸注法。

(三) 作业要求
1) 用 A3 图纸或 A4 图纸，横放。
2) 自己选定绘图比例。

(四) 作图步骤
1) 运用形体分析法搞清组合体模型的组成部分以及各组成部分之间的相对位置和组合关系。
2) 选取主视图的投射方向，所选的主视图应能最明显地表达模型的形状特征。
3) 起底稿（底稿线要细而轻）。
4) 检查错误，修正错误，擦掉多余图线。
5) 按书中所讲的顺序描深图线。
6) 标注尺寸，填写标题栏（根据轴测图画三视图时，不能将轴测图上所注的尺寸照搬，应按标注尺寸的要求进行）。

(五) 注意事项
1) 布置视图时，要留出标注尺寸的位置。
2) 必须运用形体分析法，并按三类尺寸的要求标注尺寸，尺寸的布置要清晰。
3) 度量尺寸时所得的小数要化为整数。
4) 用标准字体填写数字尺寸和标题栏。

(六) 图例

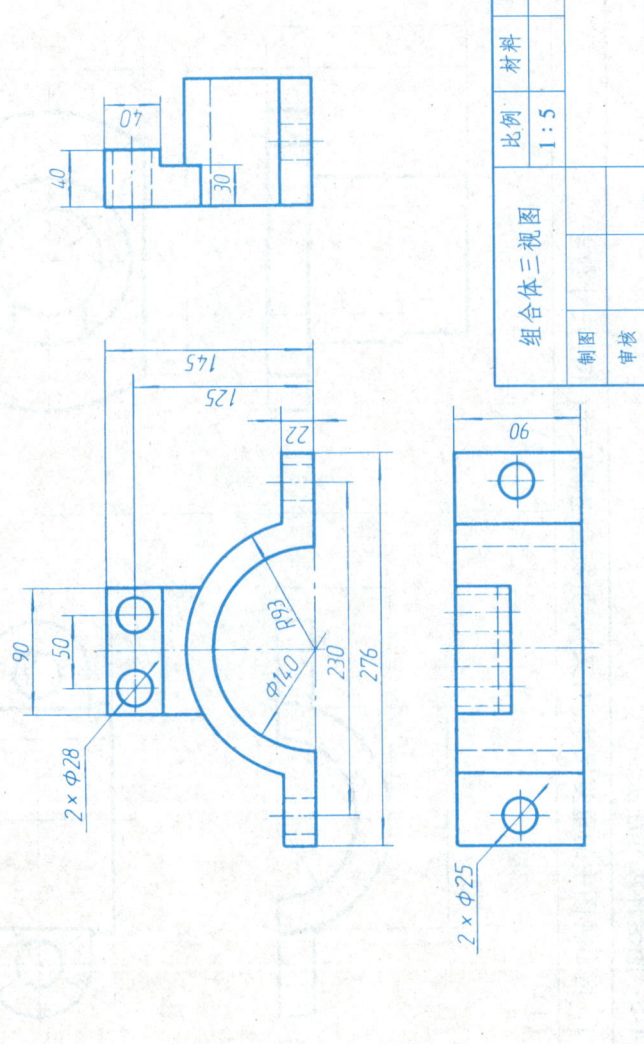

4-7 根据轴测图画三视图，并标注尺寸。

1.

2.

班级　　　　　姓名　　　　　学号

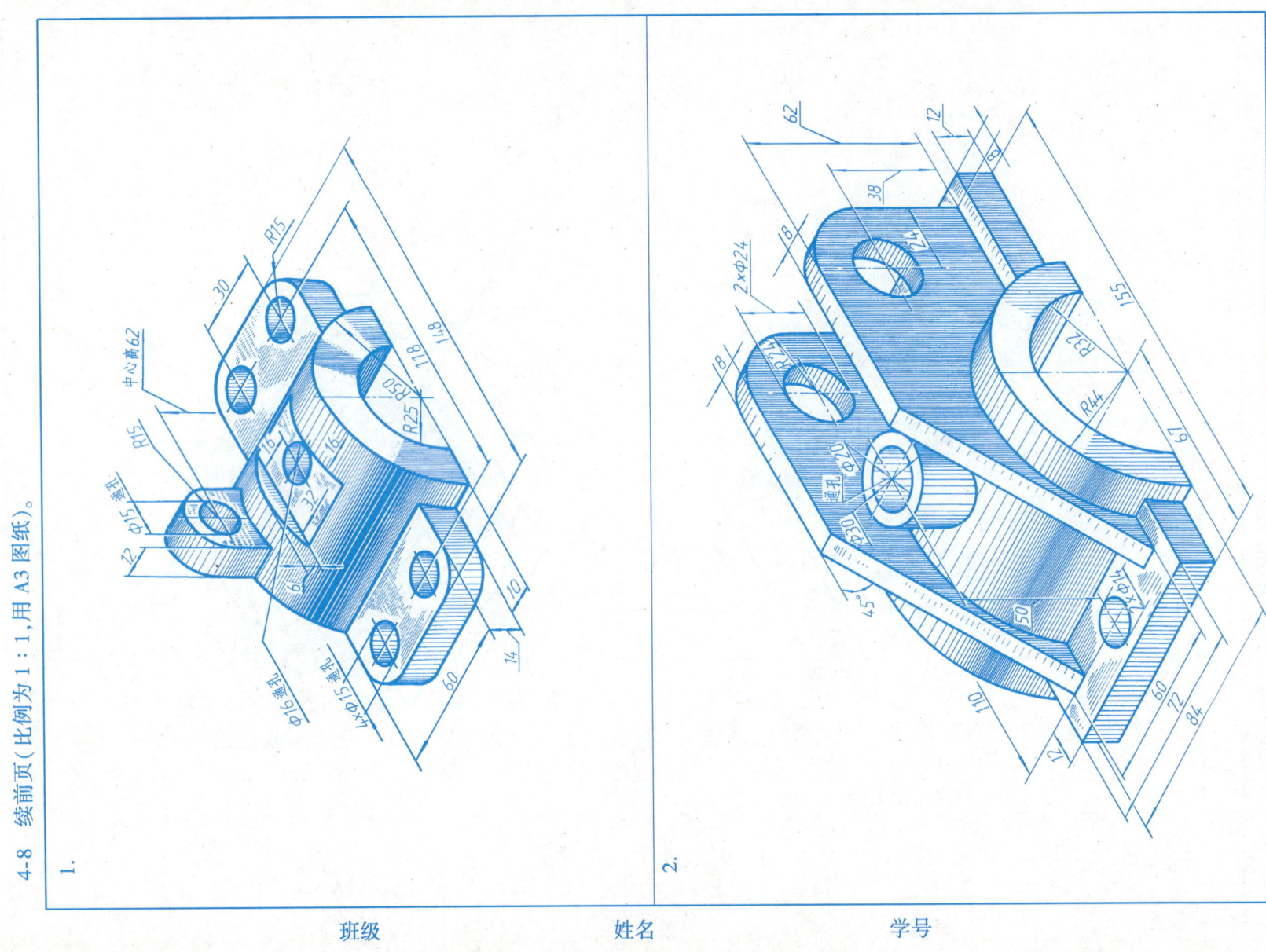

4-9 徒手补画视图中所缺的图线。

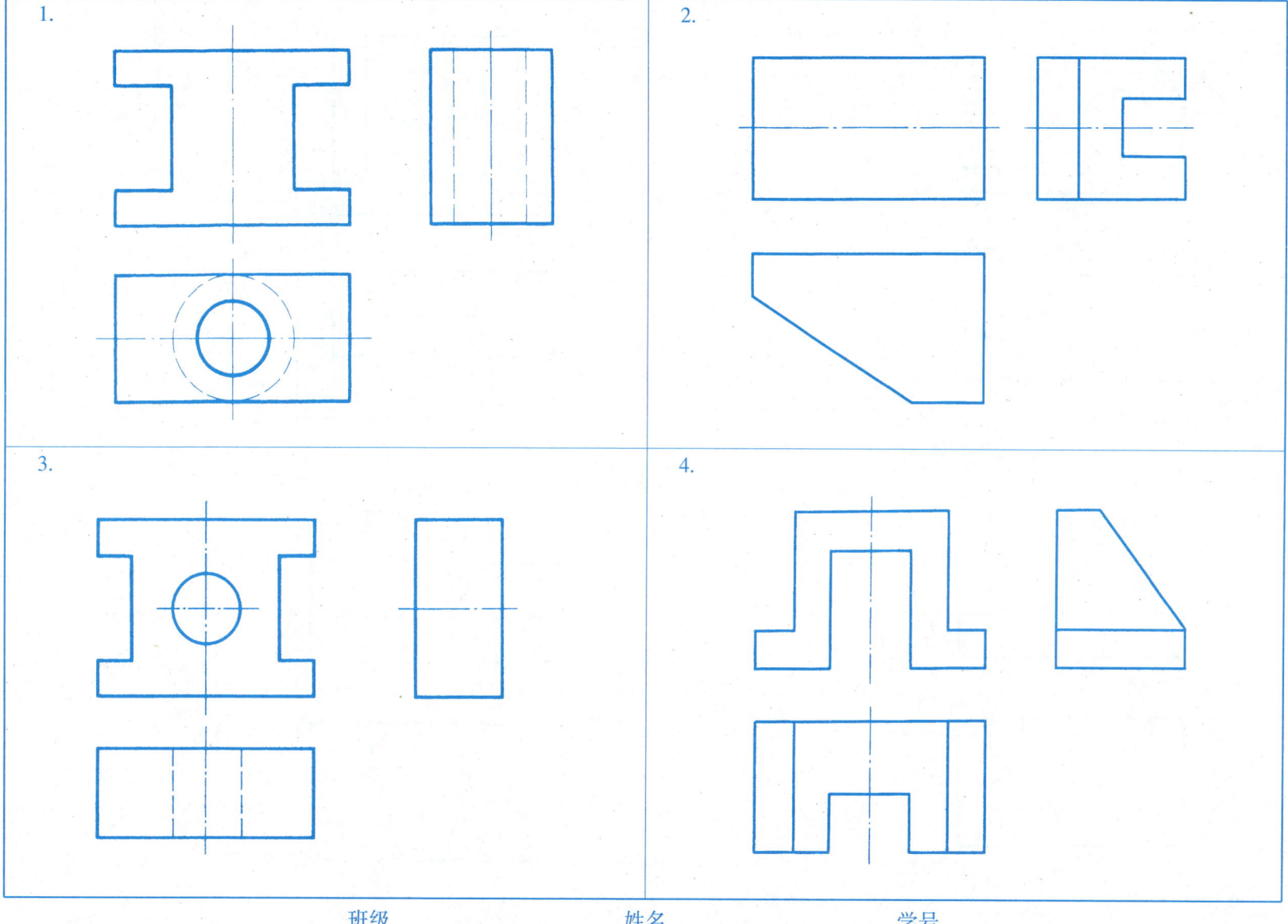

4-10 根据主视图、俯视图，补画左视图。

1.

2.

3.

4.

班级　　　　　姓名　　　　　学号

4-11 根据两视图，补画第三视图。

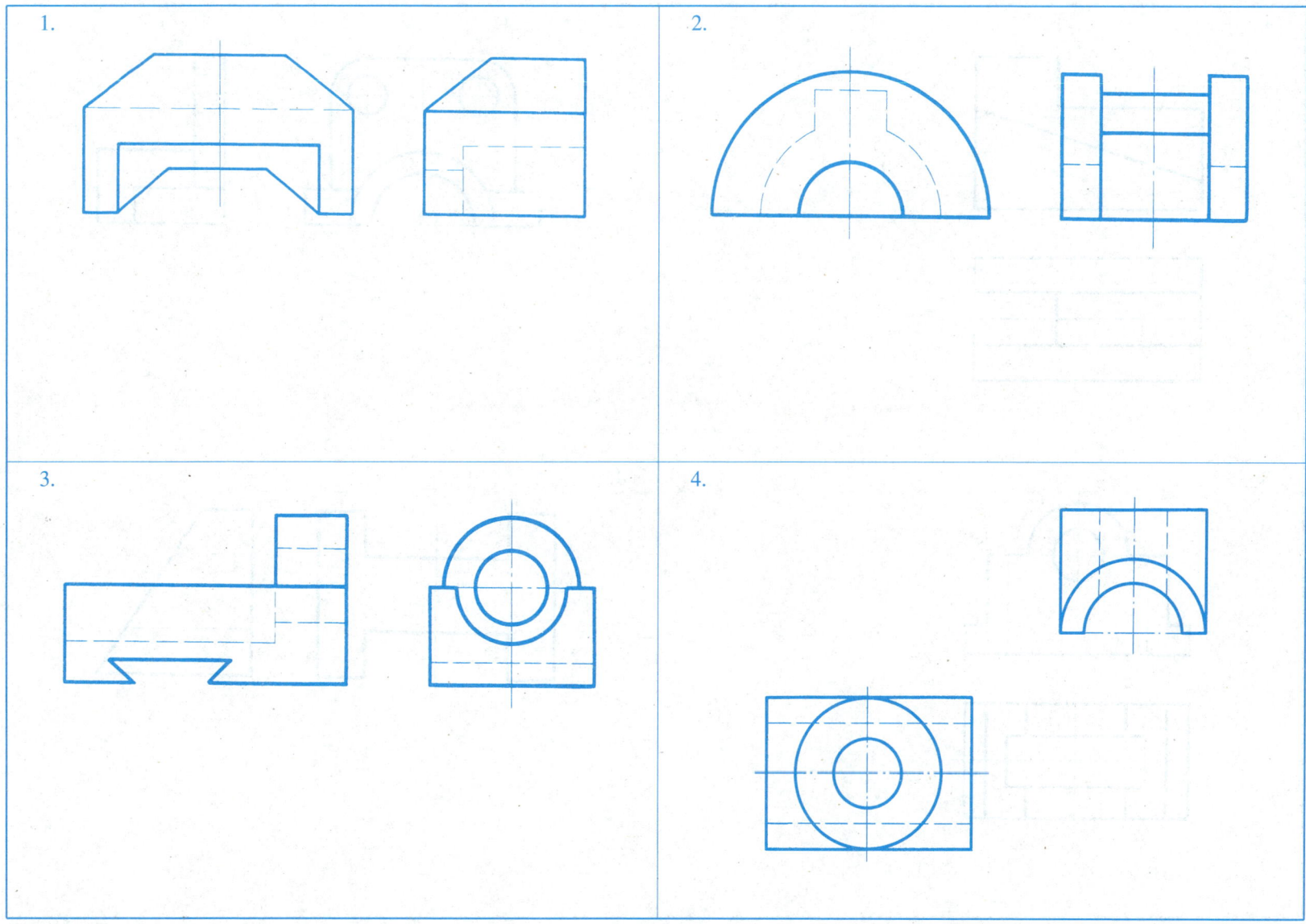

4-12 根据两视图，徒手补画第三视图。

1.
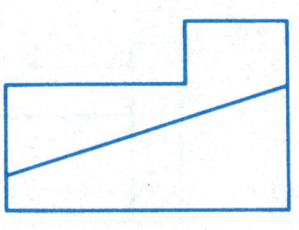

2.
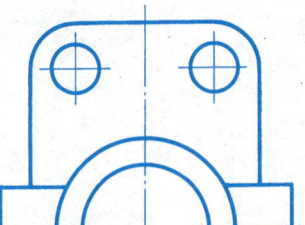

3.
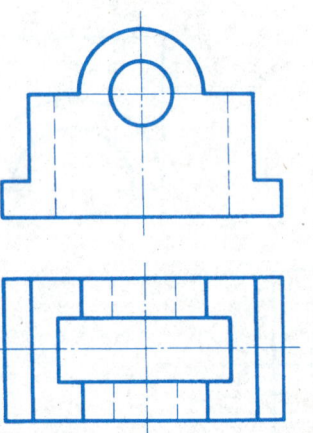

4.
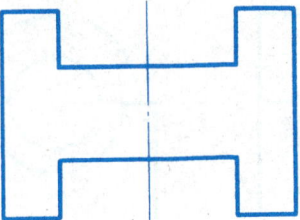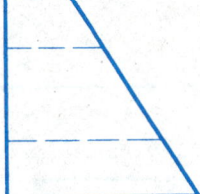

班级　　　　　姓名　　　　　学号

4-13 徒手补画视图中所缺的图线。

1.

2.

3.

4.

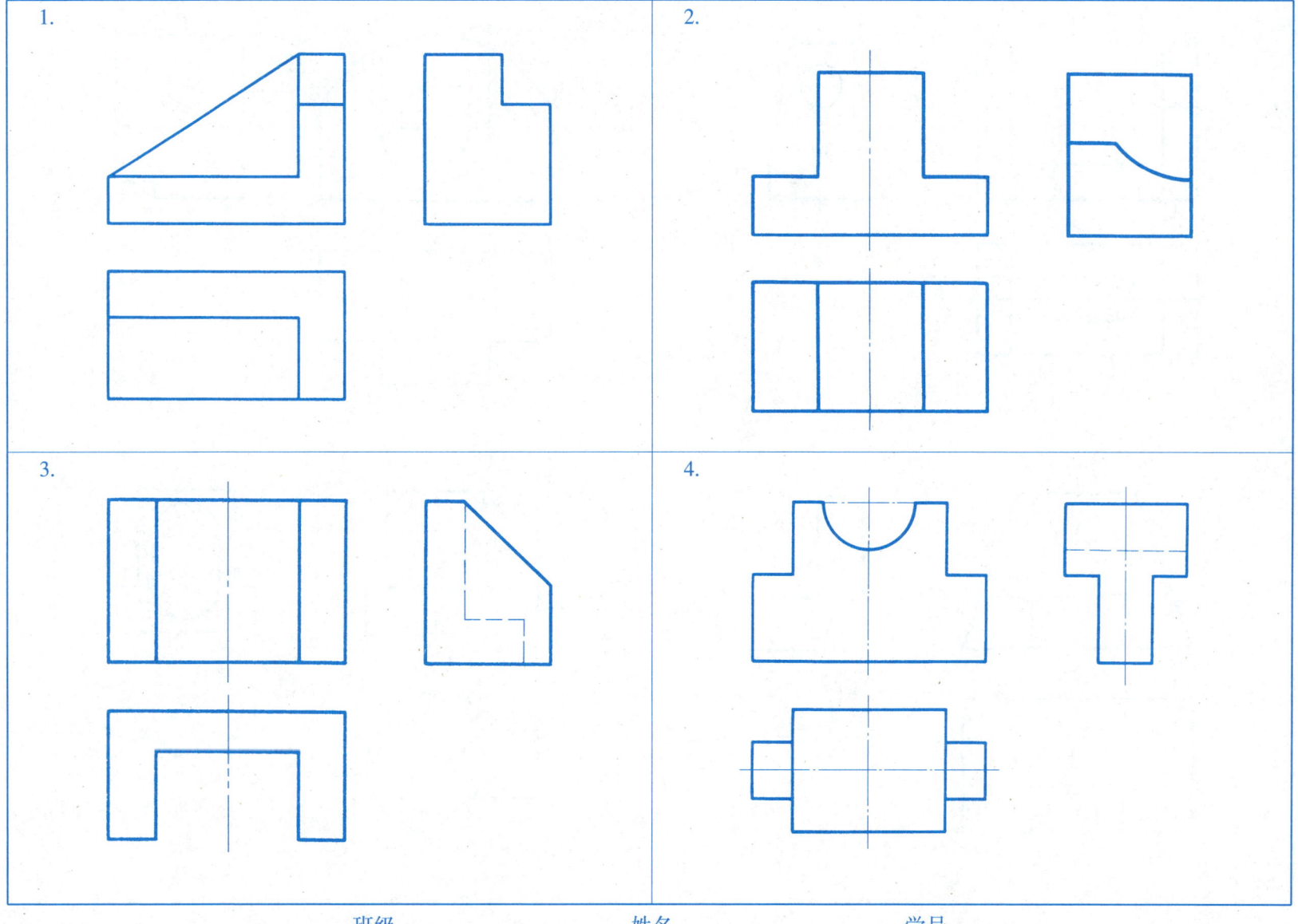

4-14 徒手补画视图中所缺的图线。

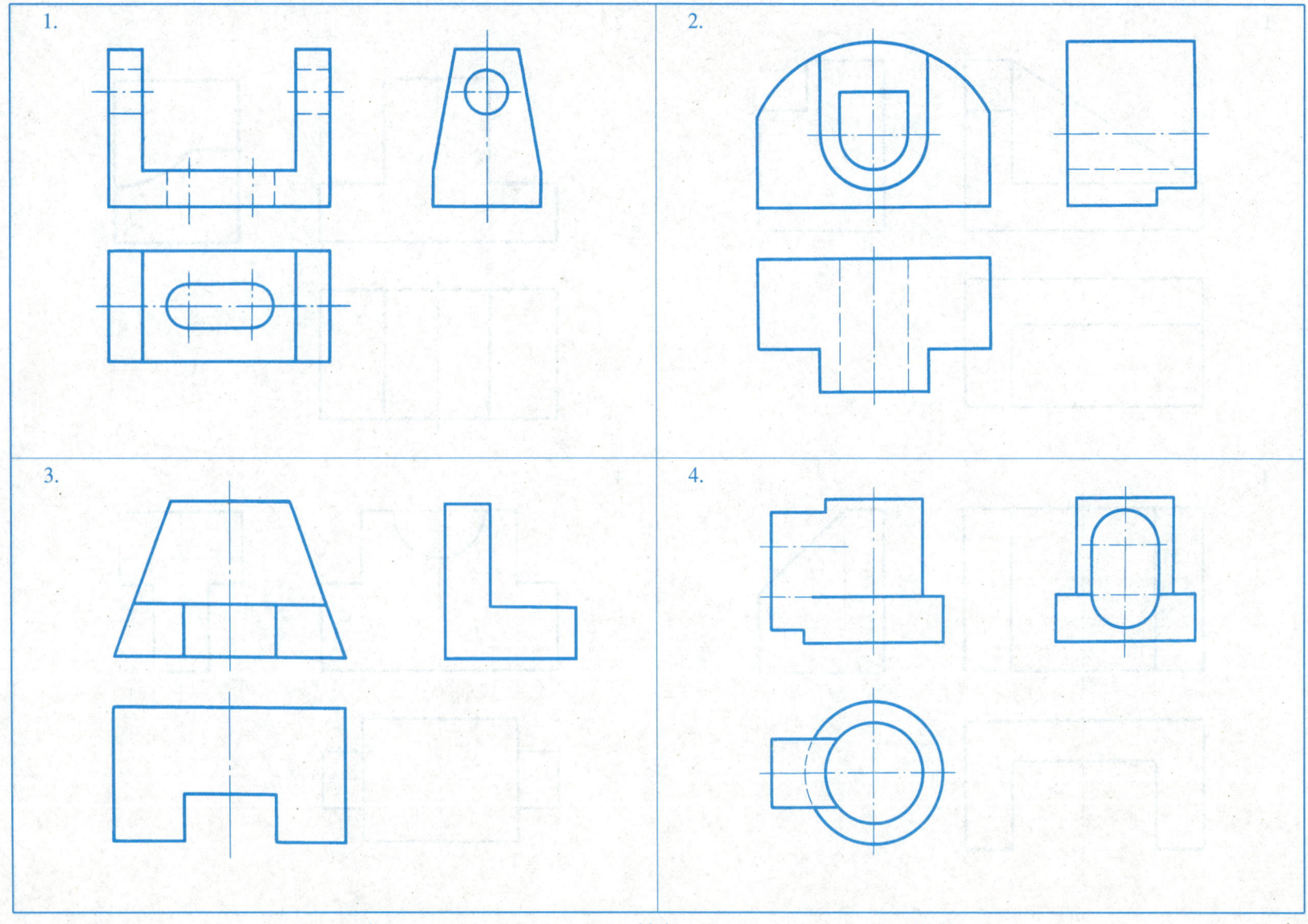

4-15 根据两视图，补画第三视图。

1.

2.

3.

4.

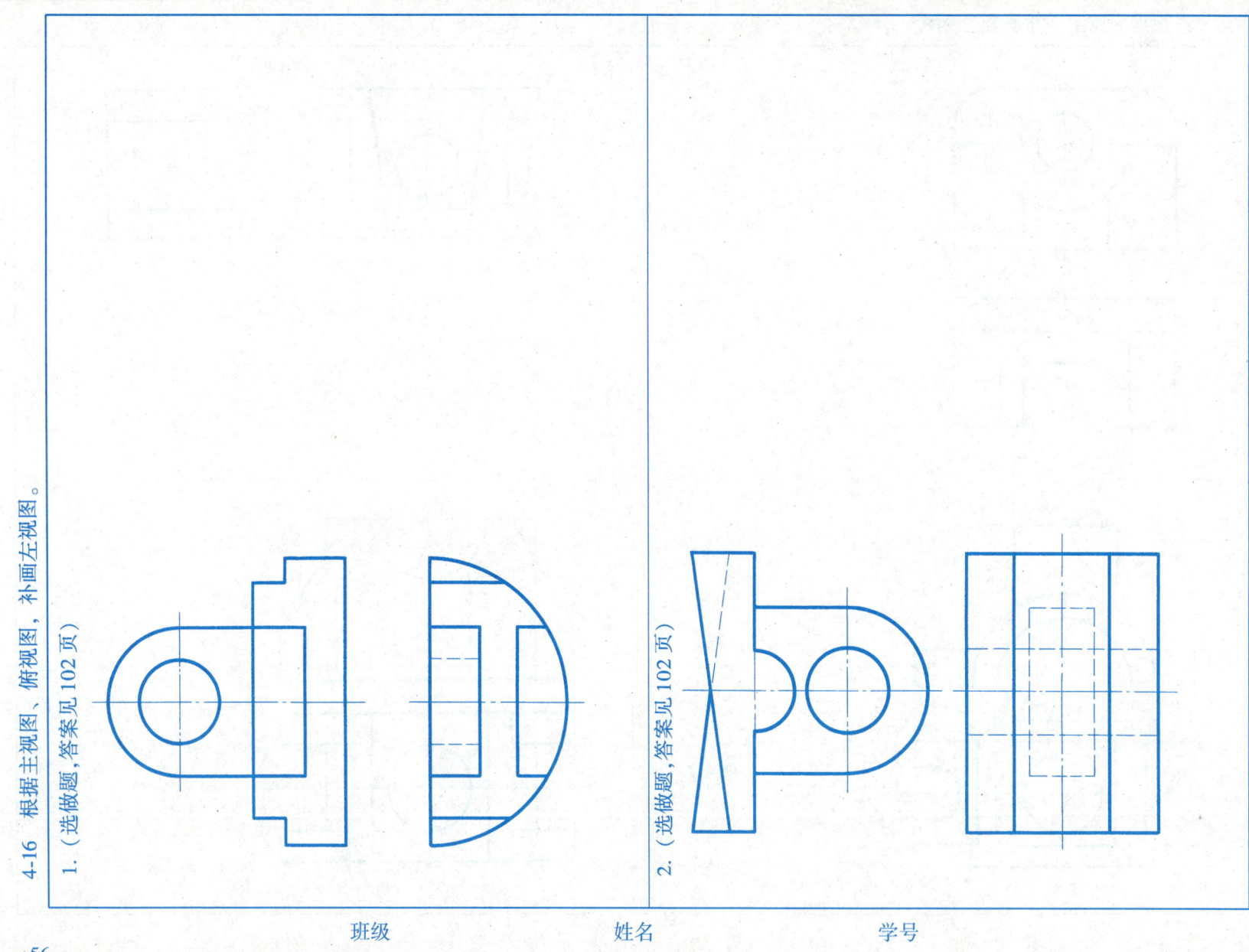

第五章 机件的表达方法　5-1　根据主视图、俯视图、左视图，补画右视图、后视图、仰视图。

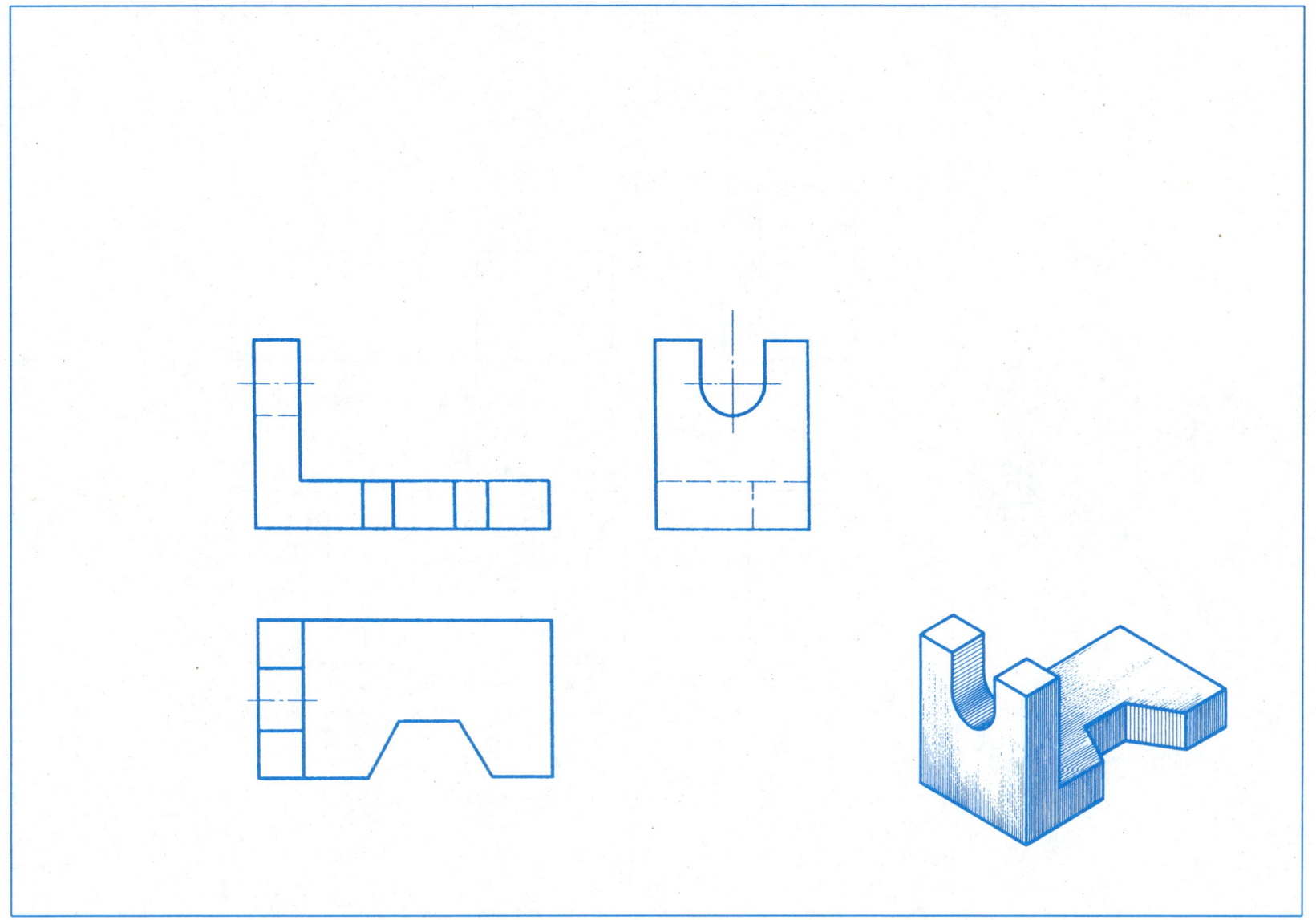

班级　　　　　姓名　　　　　学号

5-2 将下列向视图进行标注(在向视图上方标注"×",在相应视图附近用箭头指明投射方向,并标注相同的字母)。

5-3 基本视图和向视图。

1. 根据主视图、俯视图，徒手补画左视图、右视图、仰视图、后视图，并在右下角画出正等轴测图或斜二等轴测图。

2. 根据主视图、俯视图、左视图，按箭头所指徒手补画向视图，并在右下角画出正等轴测图或斜二等轴测图。

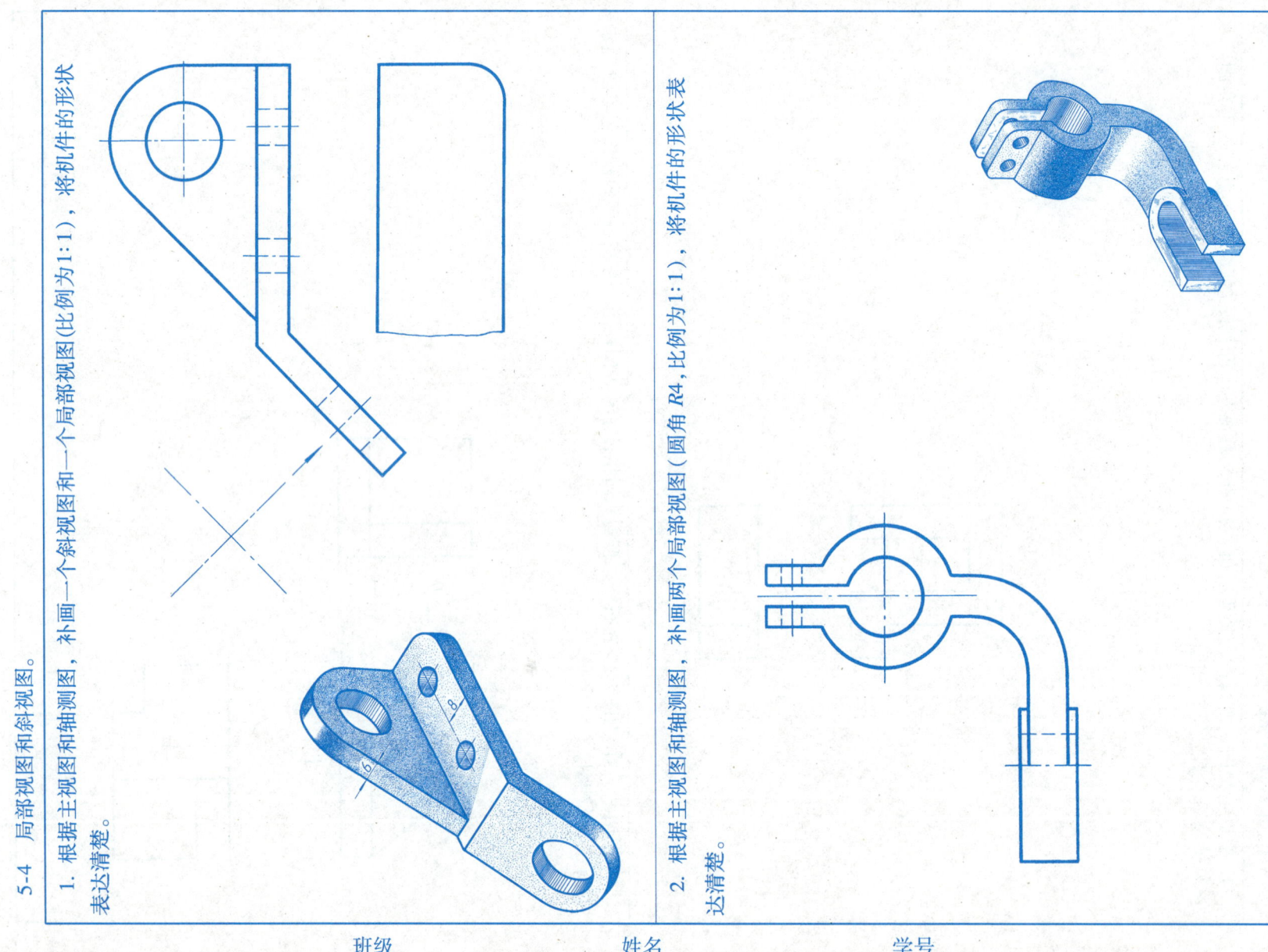

5-4 局部视图和斜视图。

1. 根据主视图和轴测图，补画一个斜视图和一个局部视图（比例为1:1），将机件的形状表达清楚。

2. 根据主视图和轴测图，补画两个局部视图（圆角 R4，比例为1:1），将机件的形状表达清楚。

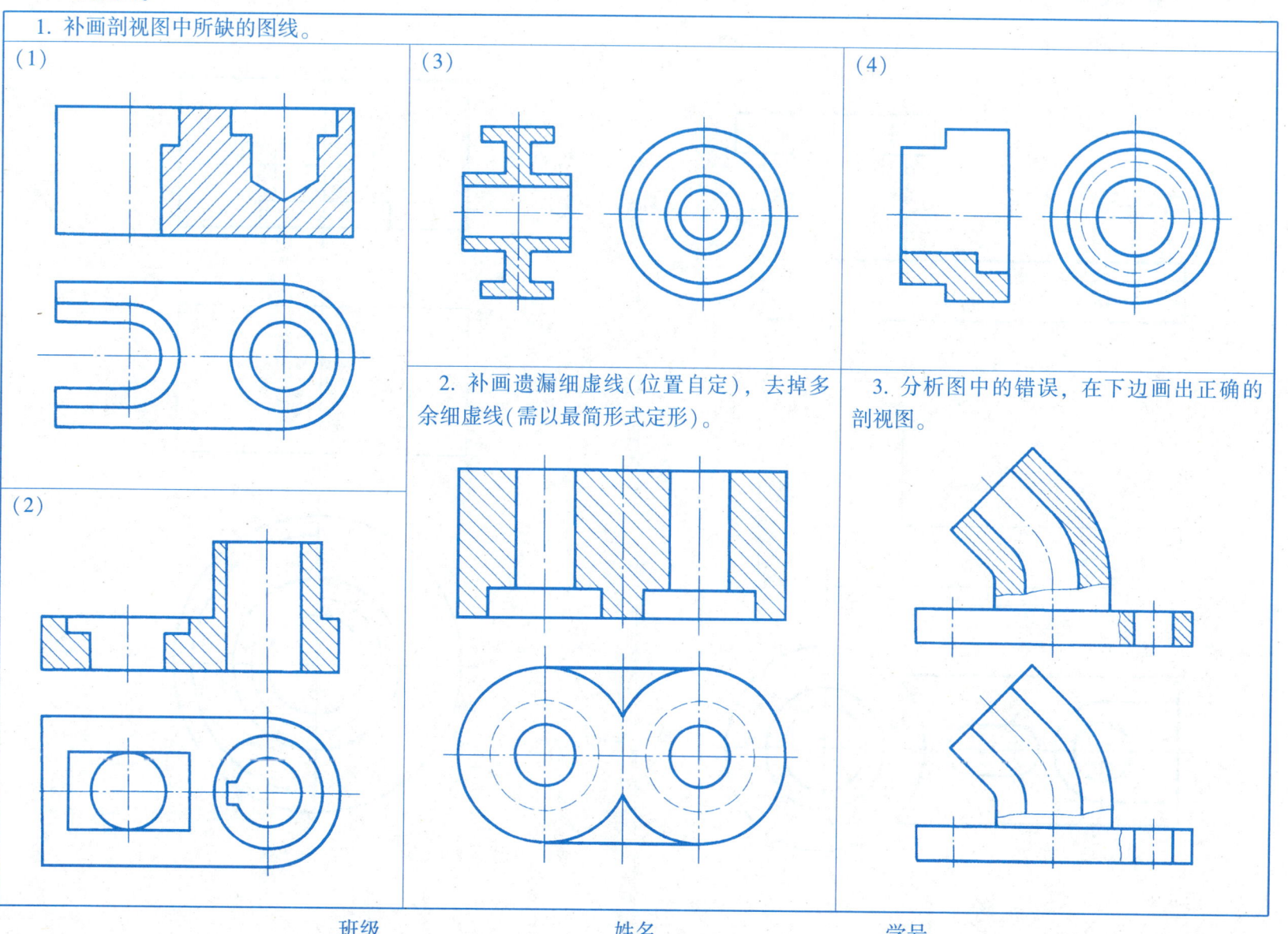

5-6 将主视图改画成全剖视图。

1.

2.

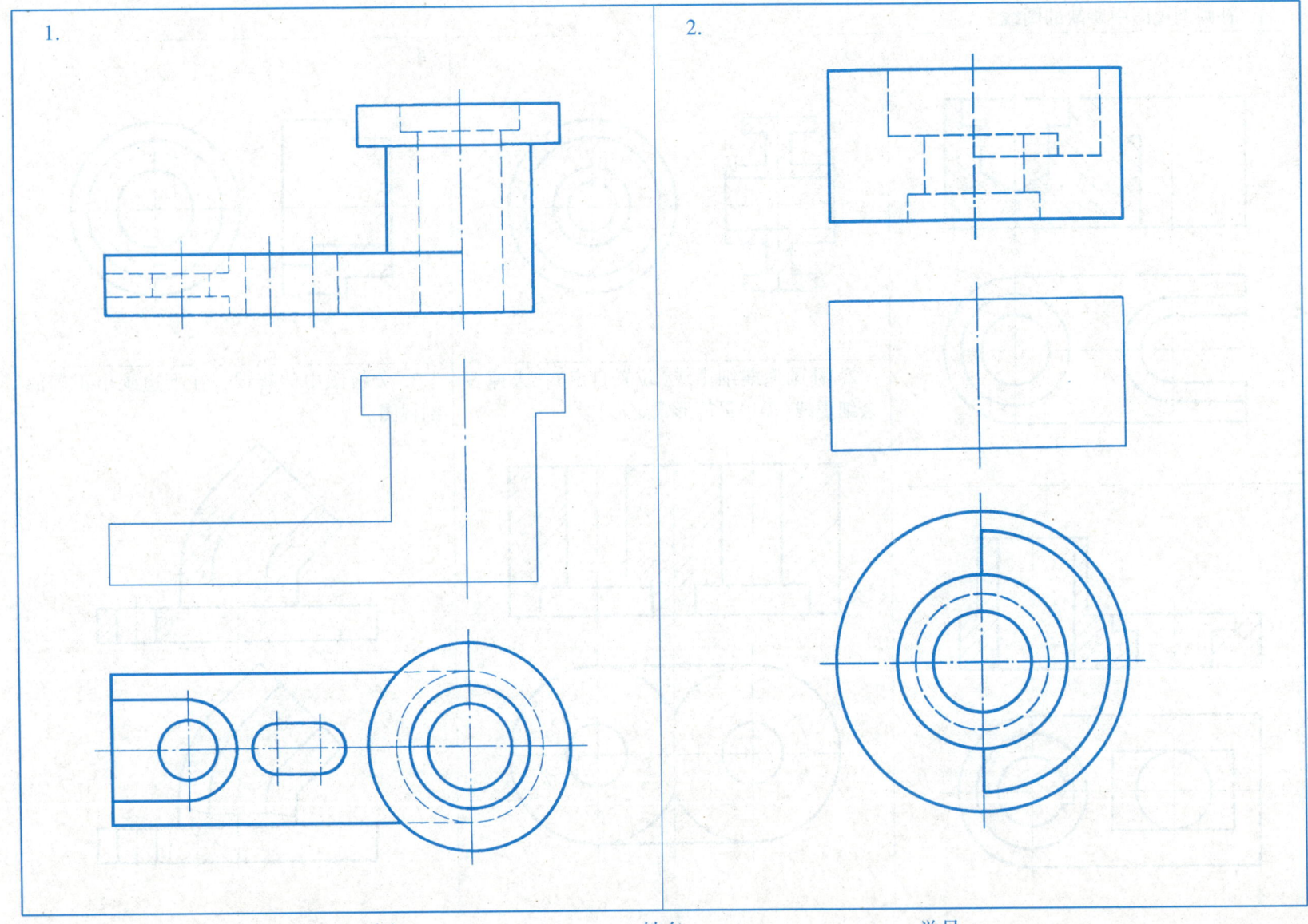

5-7 半剖视图。

1. 将主视图改画成半剖视图。

2. 徒手完成上边的半剖视图，再用仪器画出正规的半剖视图。

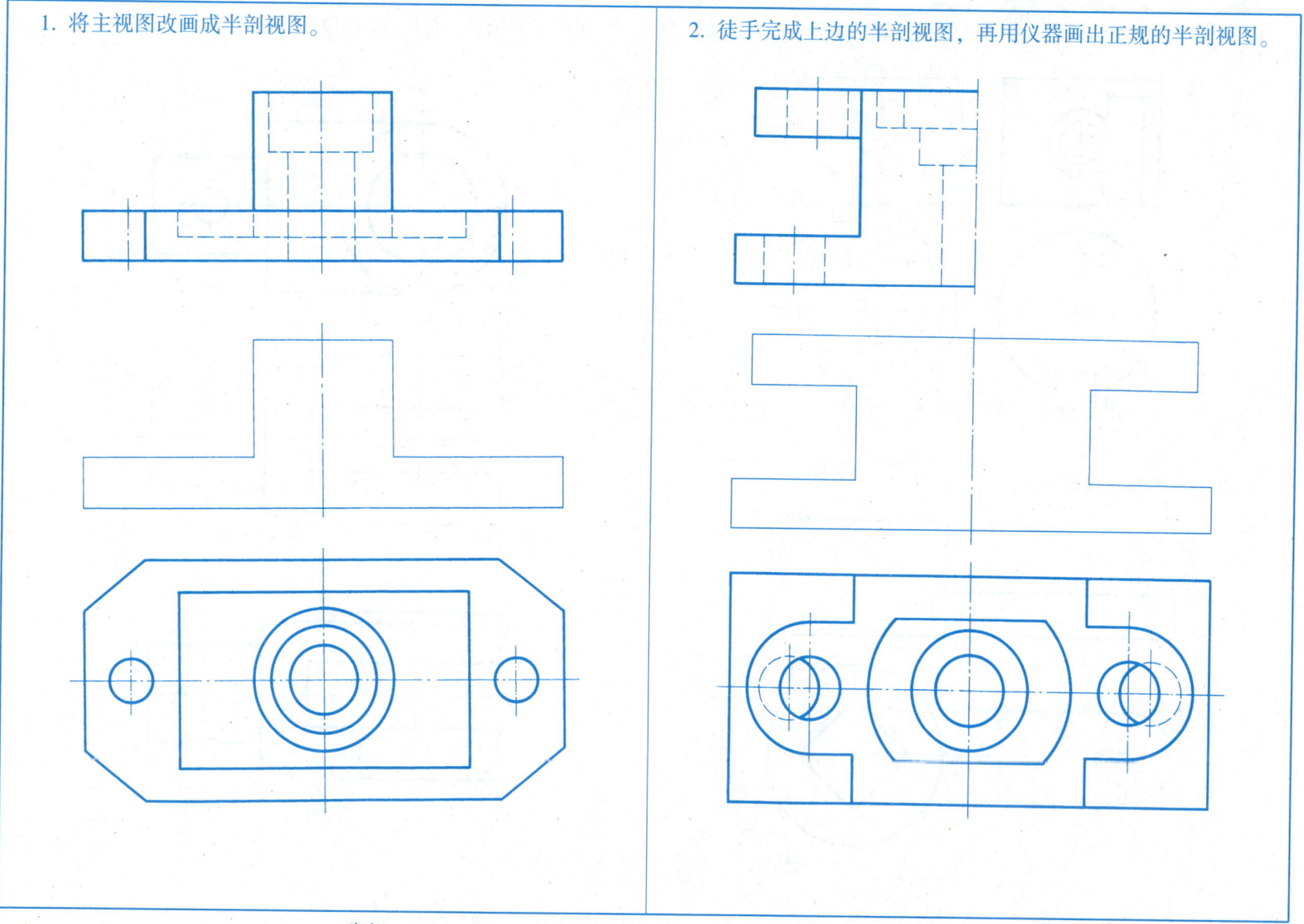

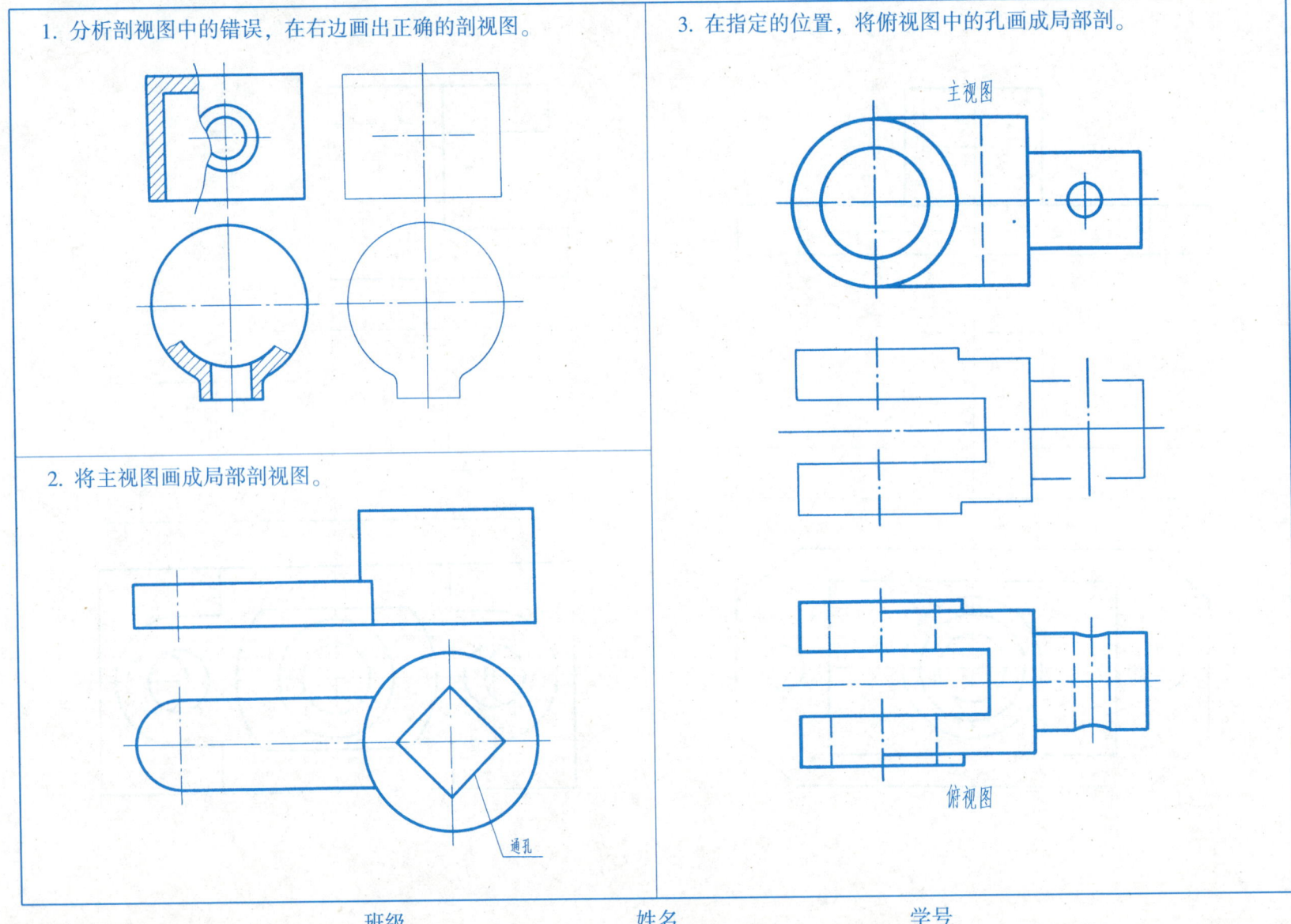

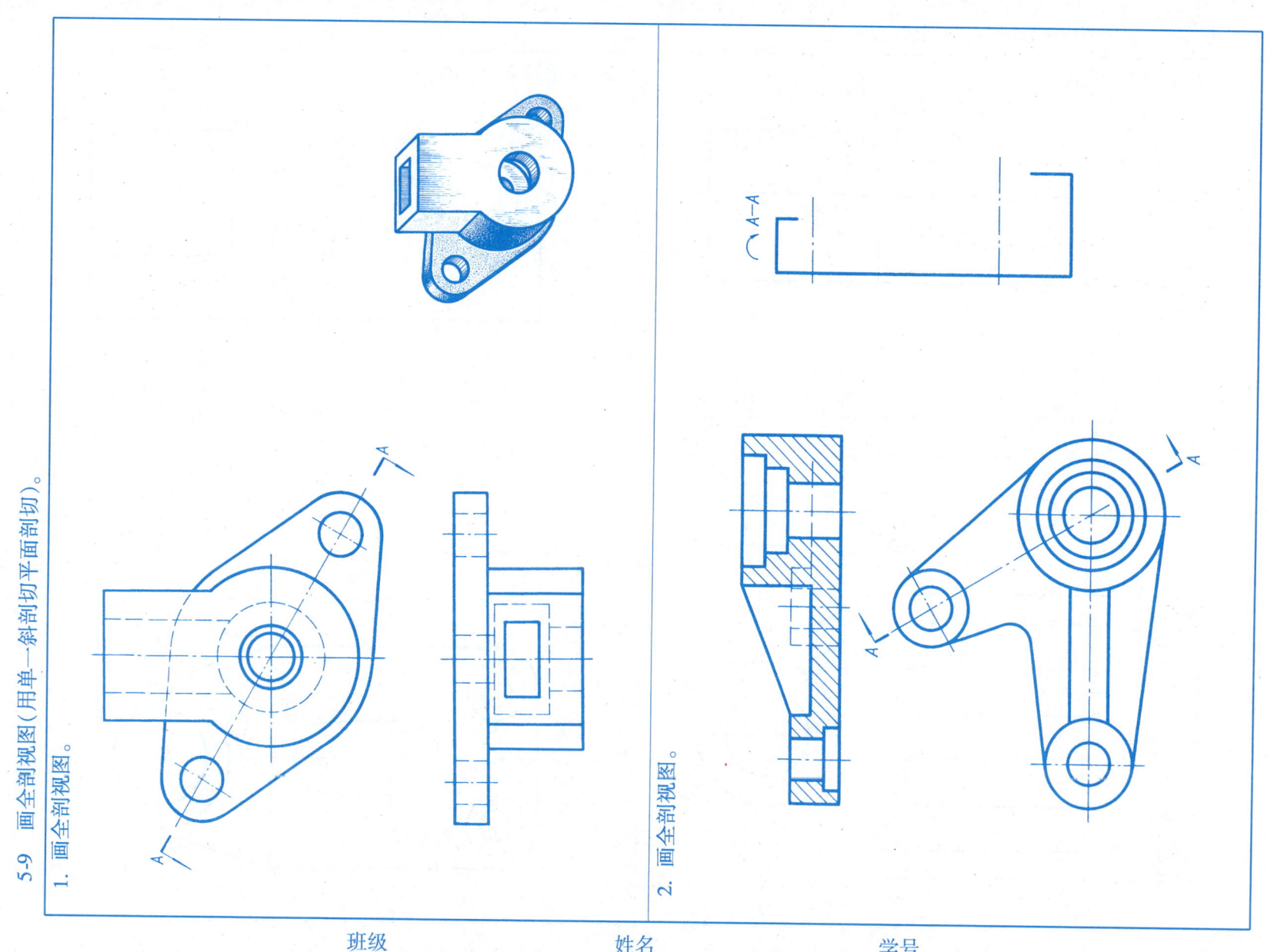

5-10 画全剖视图(用几个平行的剖切面剖切)。

1. 徒手画全剖视图。

2. 徒手画全剖视图。

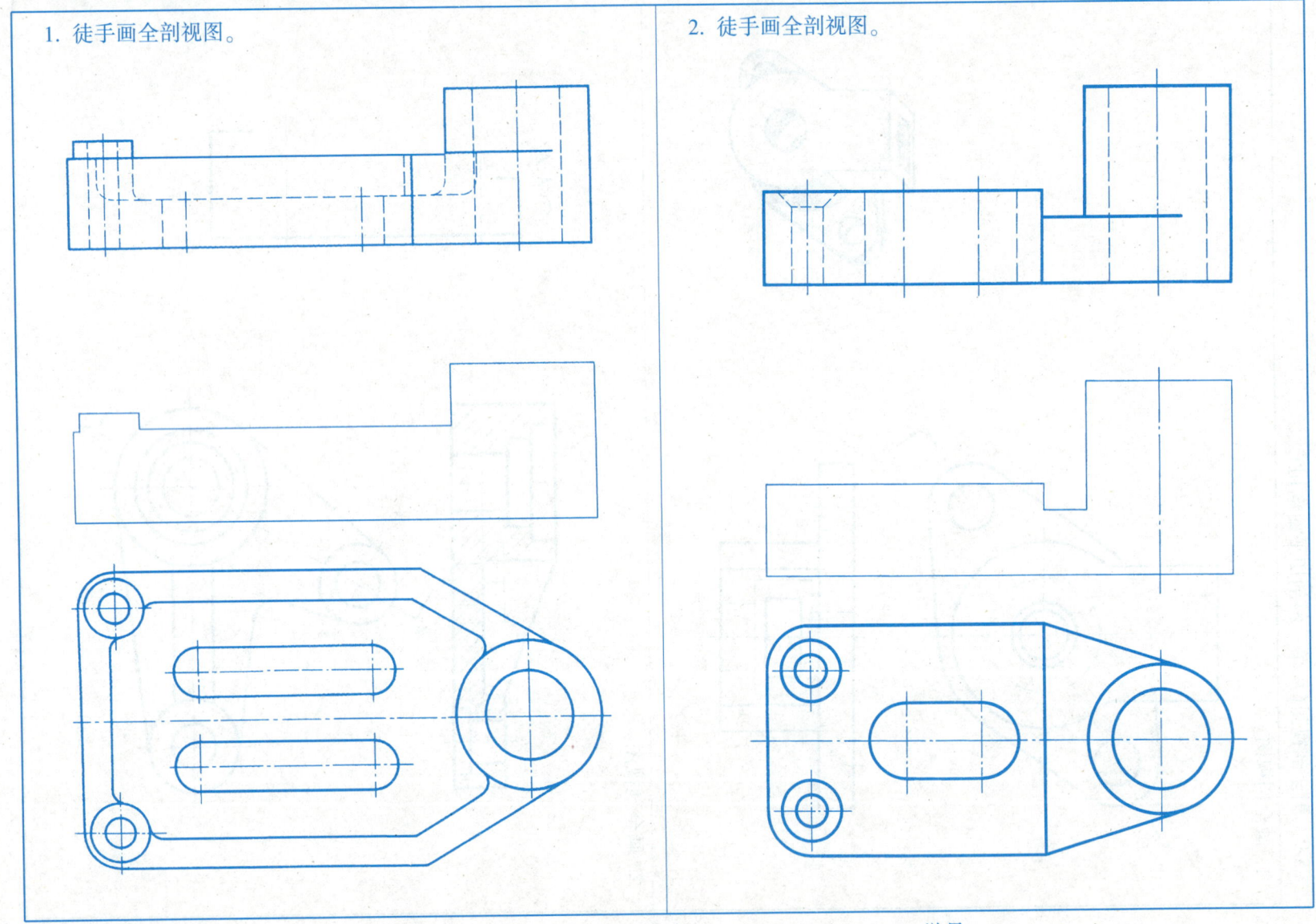

班级　　　　姓名　　　　学号

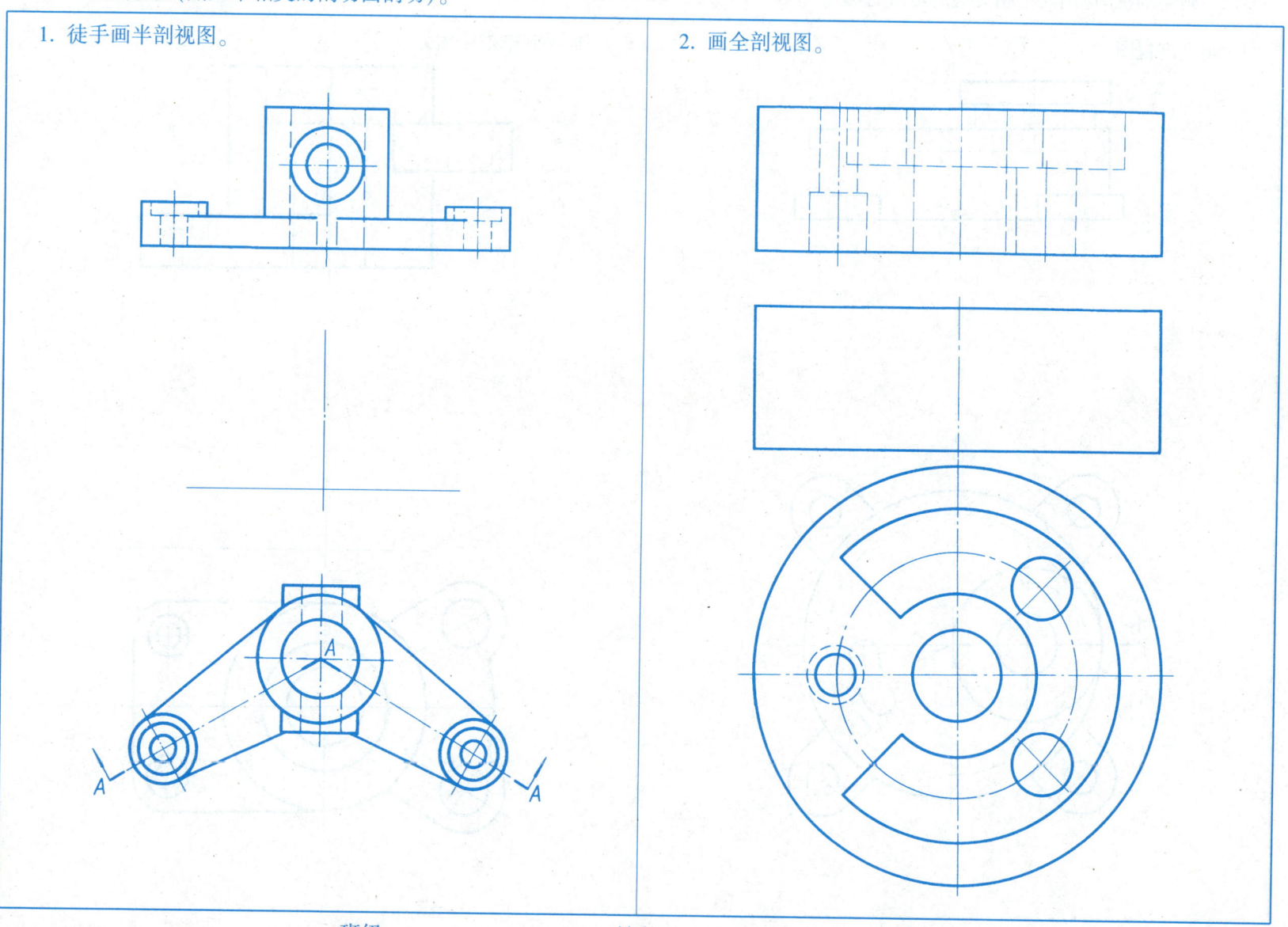

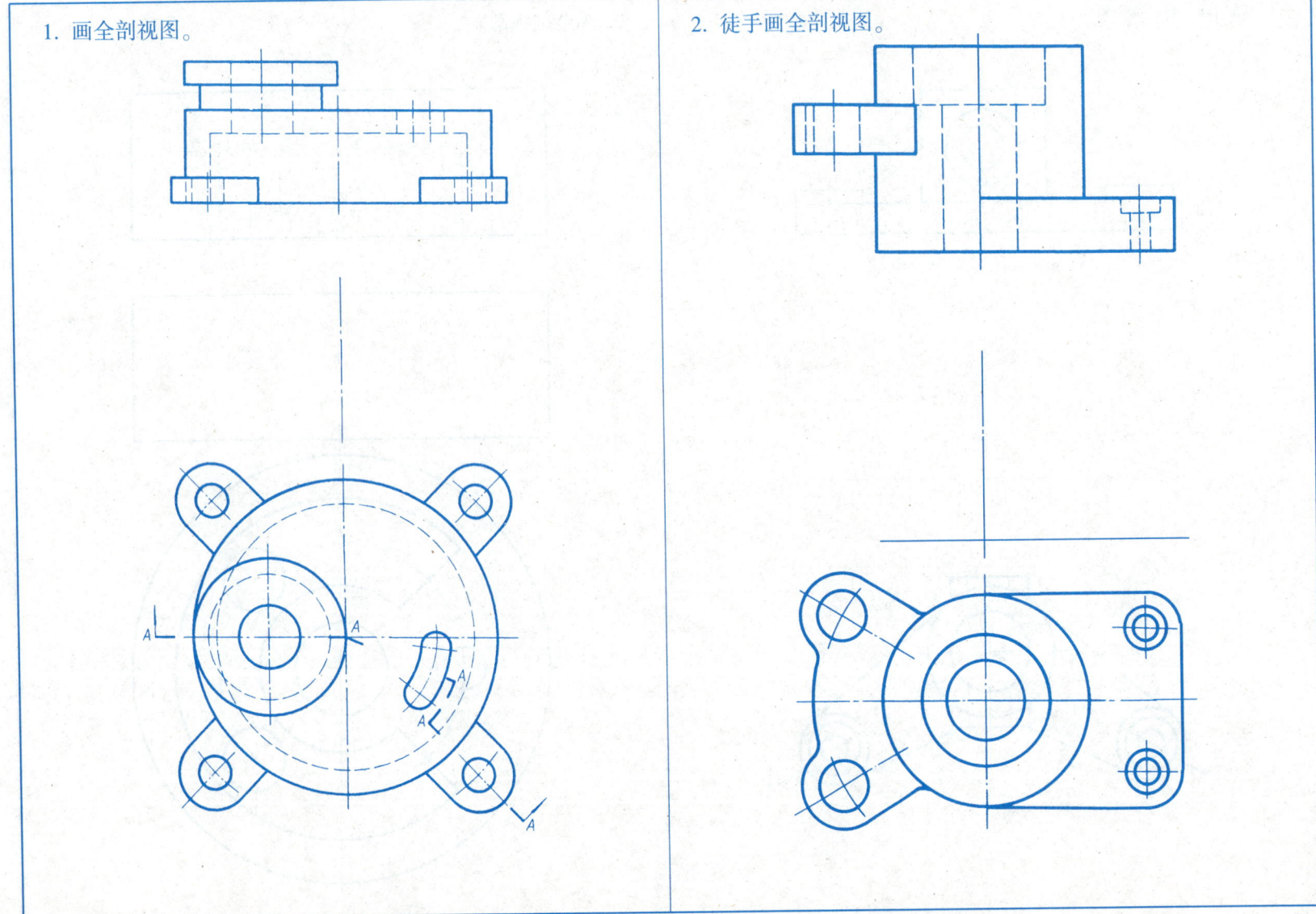

5-13 断面图。

1. 参照轴测图，画出铣切平面、两处键槽（宽度、深度相同）及钻孔处的断面图。

2. 按剖切线的位置画断面图（上图画移出断面，下图画重合断面）。

班级　　　　姓名　　　　学号

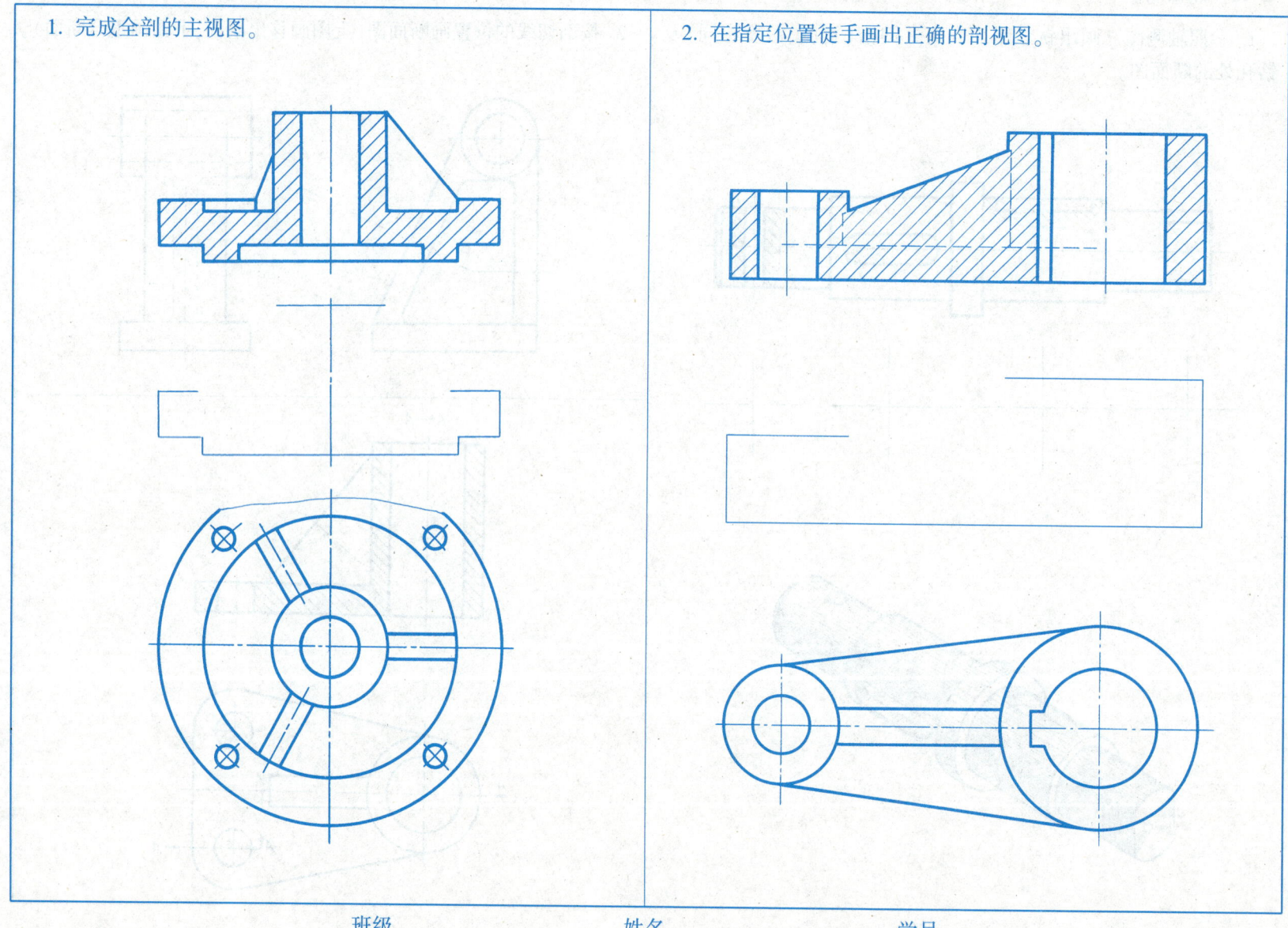

5-15 机件表达方法综合练习。

作业 3 画剖视图

(一)作业内容

根据模型(或轴测图)画剖视图,并标注尺寸。

(二)作业目的

1)初步训练选择机件表达方法的能力。
2)掌握剖视图的画法。

(三)作业要求

1)用 A3 图纸。
2)自己选定图纸横放或竖放以及绘图比例。
3)合理布局,用细实线画底稿,用粗实线按序加深,完成全图。

(四)注意事项

1)在看清或想出机件形状的基础上,考虑应选取哪些视图,再分析机件上哪些内部结构需采用剖视,怎样剖切。可多考虑几种方案,并进行比较,再从中选出恰当的表达方案。

2)剖视图应直接画出,不应先画视图,再将其改成剖视图。

3)剖面线不画底稿线,而在加深时一次画成。这样既能保证剖面线的清晰,又便于控制各个视图中剖面线的方向、间隔一致,还有利于提高绘图速度。

4)要注意区分哪些剖切位置线可以不画,哪些必须画出、注明,怎样画、怎样注?并应特别注意局部剖视图中波浪线的画法。

5)应用形体分析法标注尺寸,确保所注尺寸既不遗漏也不重复(不应从轴测图上照搬)。

(五)作业题(见右图及下页)

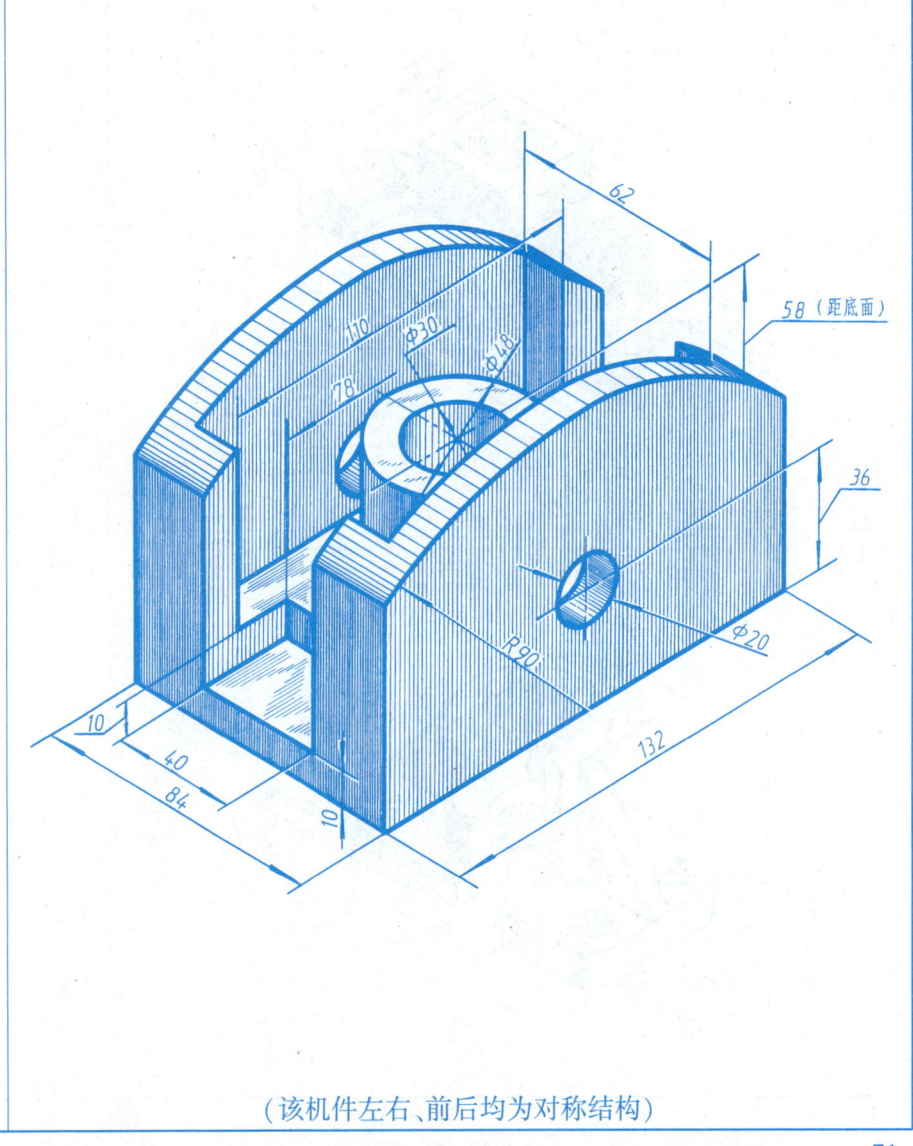

(该机件左右、前后均为对称结构)

5-16 根据轴测图画剖视图(作业题)。

1.

2.

3.

4.

班级　　　　姓名　　　　学号

5-17 第三角画法。

1. 根据主视图、右视图，补画俯视图。

2. 根据轴测图，画主视图、俯视图和右视图（尺寸从轴测图中量取，两圆孔为通孔）。

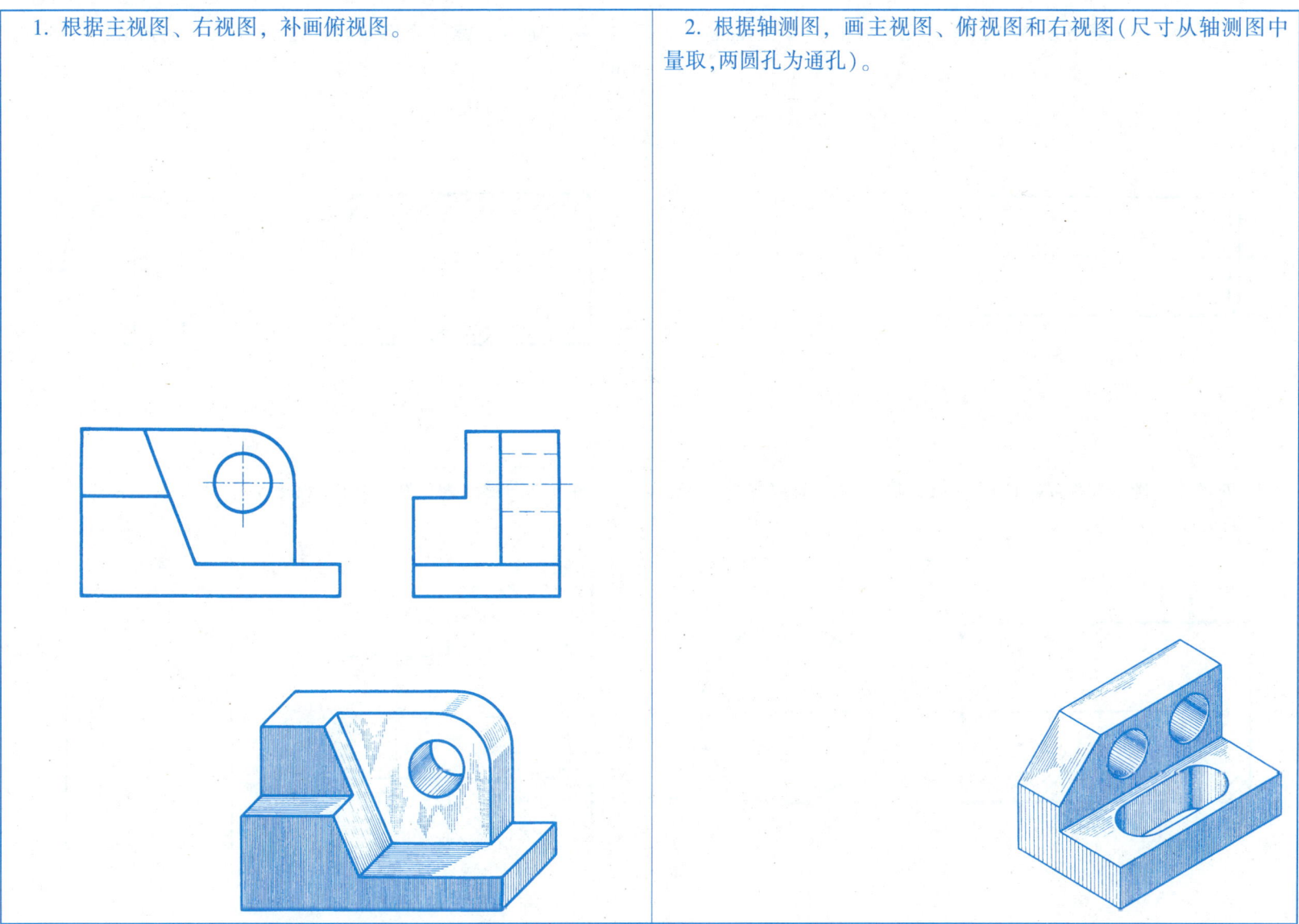

班级　　　　　姓名　　　　　学号

第六章 常用零件的特殊表示法

6-1 按给定的尺寸，根据螺纹规定画法绘出螺纹。

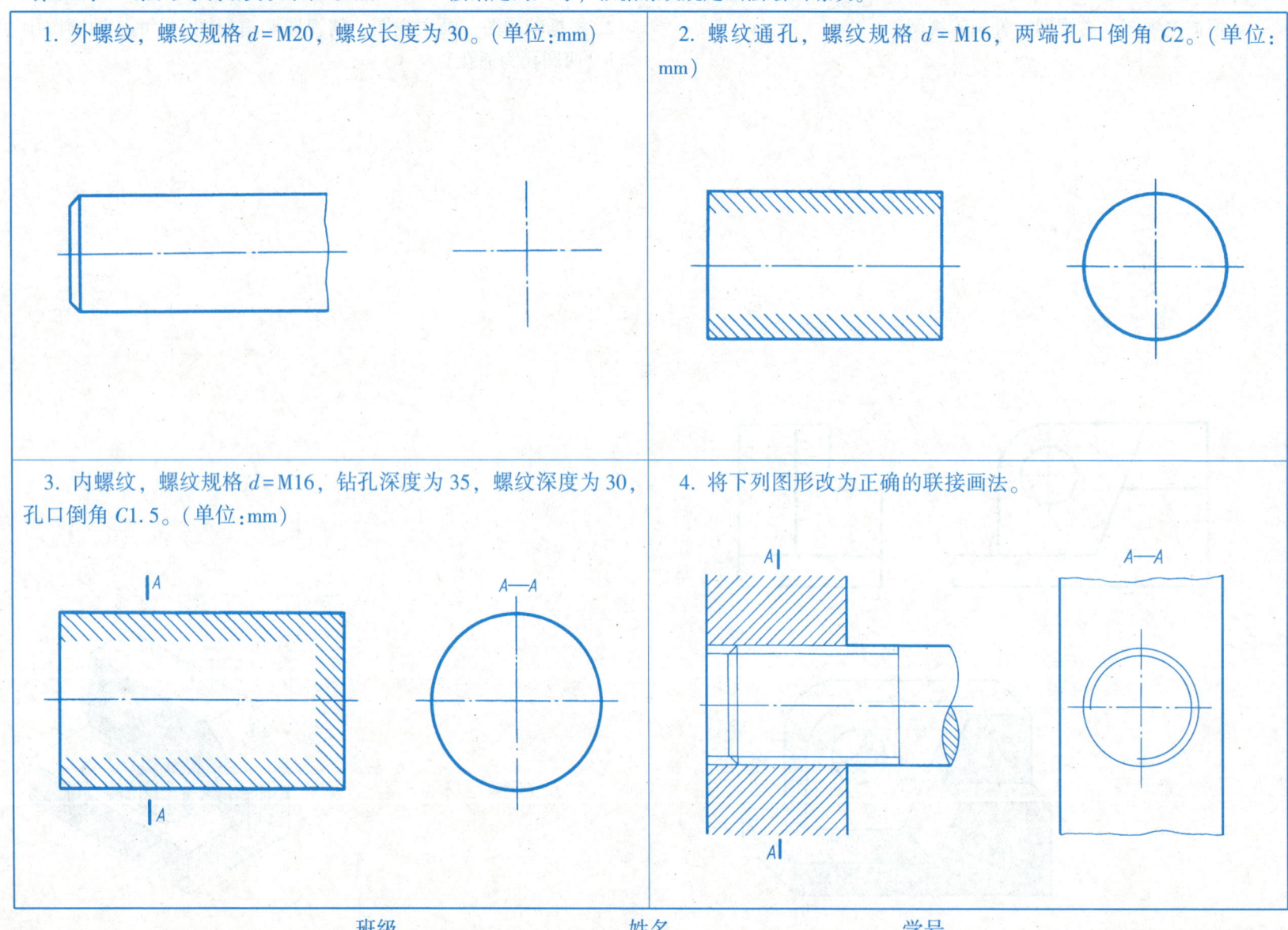

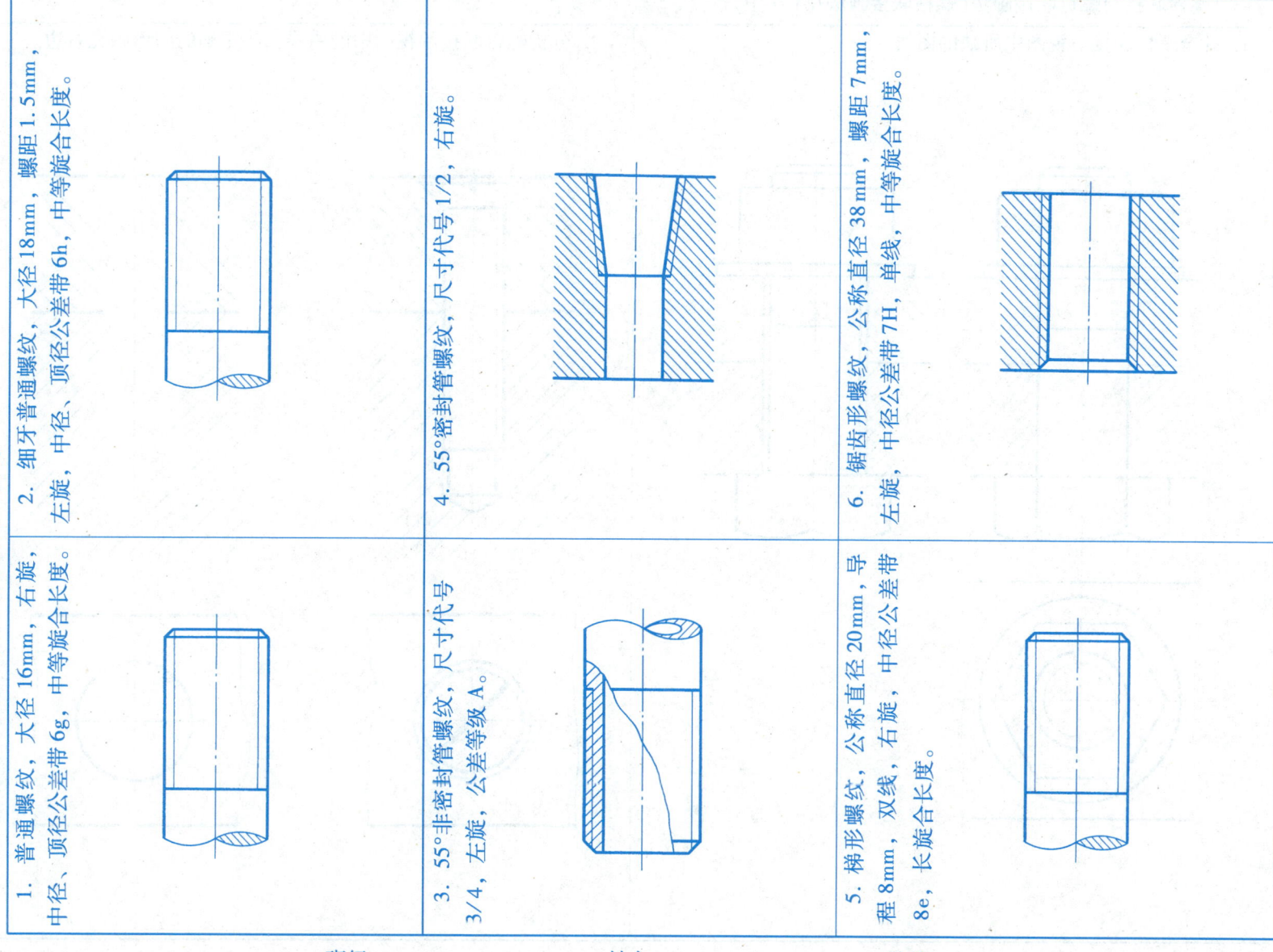

6-3 螺栓联接与螺钉联接画法(螺柱联接画法在6-7中)。

1. 补全螺栓联接三视图中所缺的图线。

2. 分析螺钉联接两视图中的错误,将正确的图形画在右边。

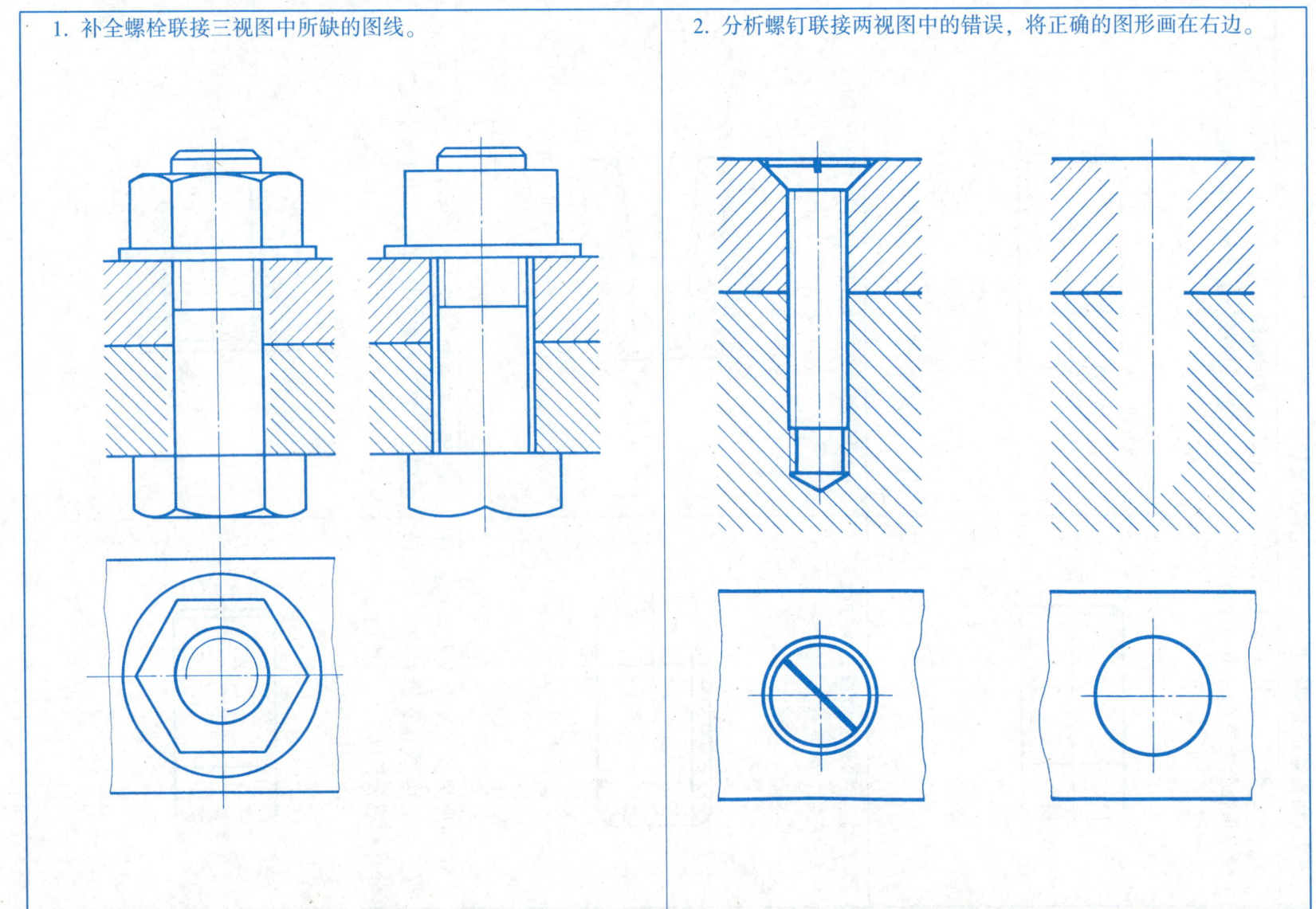

班级　　　姓名　　　学号

6-4 已知直齿轮 $m=5$mm、$z=40$，轮齿端部倒角 $C2.5$mm，完成齿轮工作图（比例为 1∶2），并注出齿顶圆和分度圆的直径。

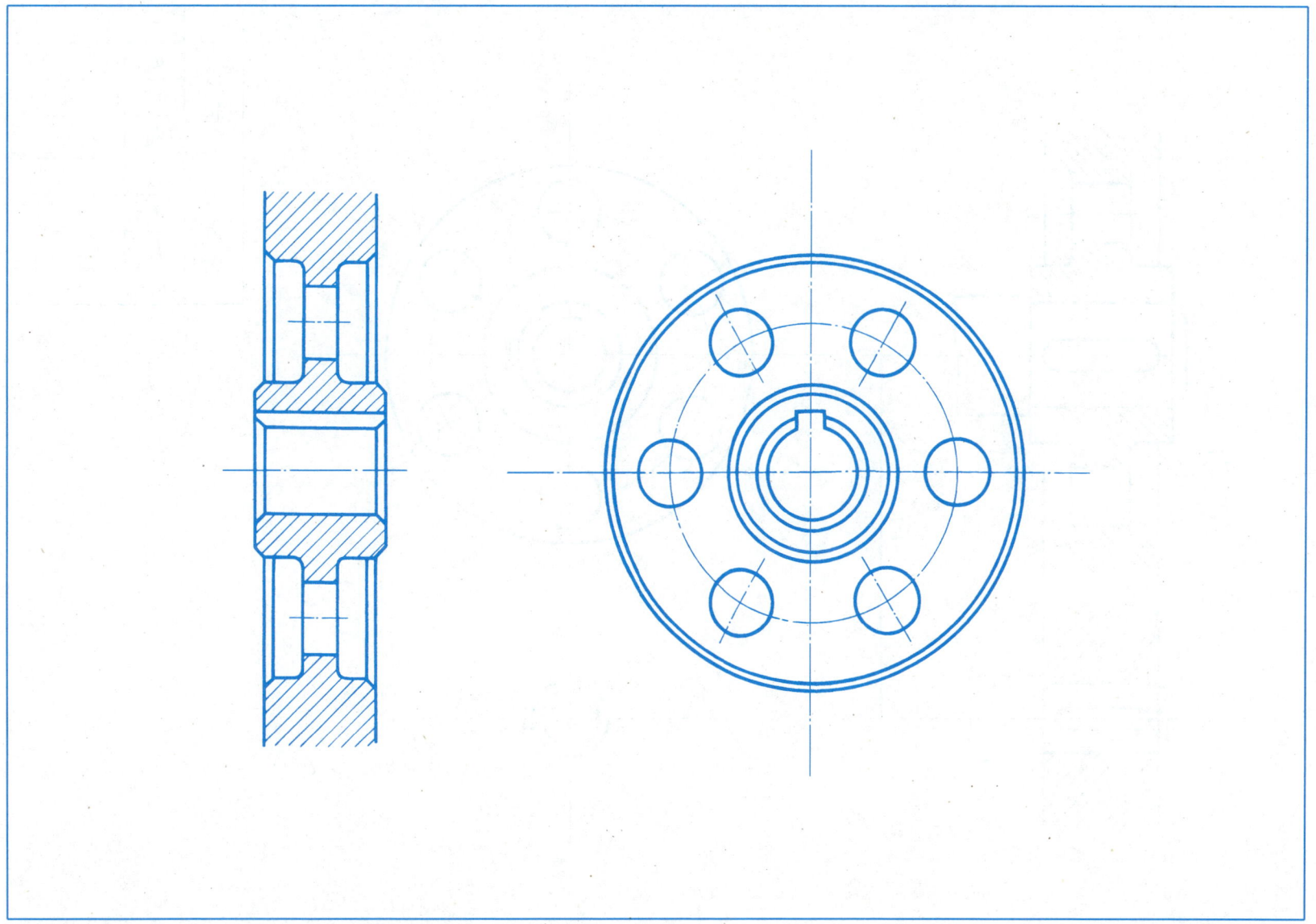

班级　　　　姓名　　　　学号

6-5 已知大齿轮 $m=4$、$z_2=40$，两轮中心距 $a=120$，试计算大、小齿轮的基本尺寸(填入表中)，并用 1∶2 的比例完成啮合图。(单位:mm)

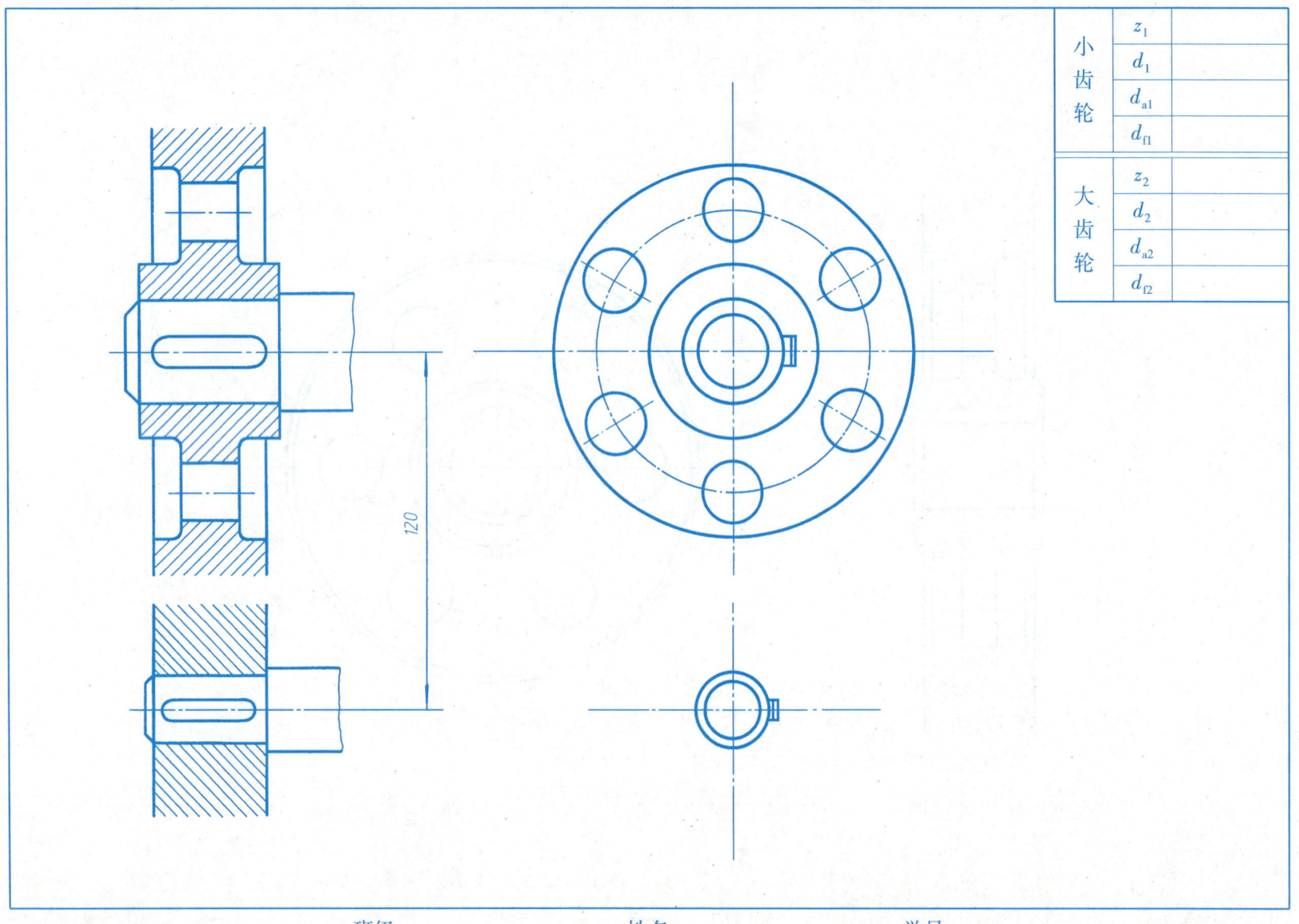

小齿轮	z_1	
	d_1	
	d_{a1}	
	d_{f1}	
大齿轮	z_2	
	d_2	
	d_{a2}	
	d_{f2}	

6-6 键及键联结。

已知轴和齿轮，用 A 型普通平键联结。轴、孔直径为 25mm，键长为 25mm。

1. 按 1:1 的比例完成轴和齿轮的图形，并标注轴、孔及键槽尺寸（由标准中查得：$b = 8mm, h = 7mm, t_1 = 4mm, t_2 = 3.3mm$）。

(1) 轴

(2) 齿轮

2. 写出键的规定标记。

规定标记：_____。

3. 用键将轴和齿轮联结起来，完成其联结图。

班级　　　姓名　　　学号

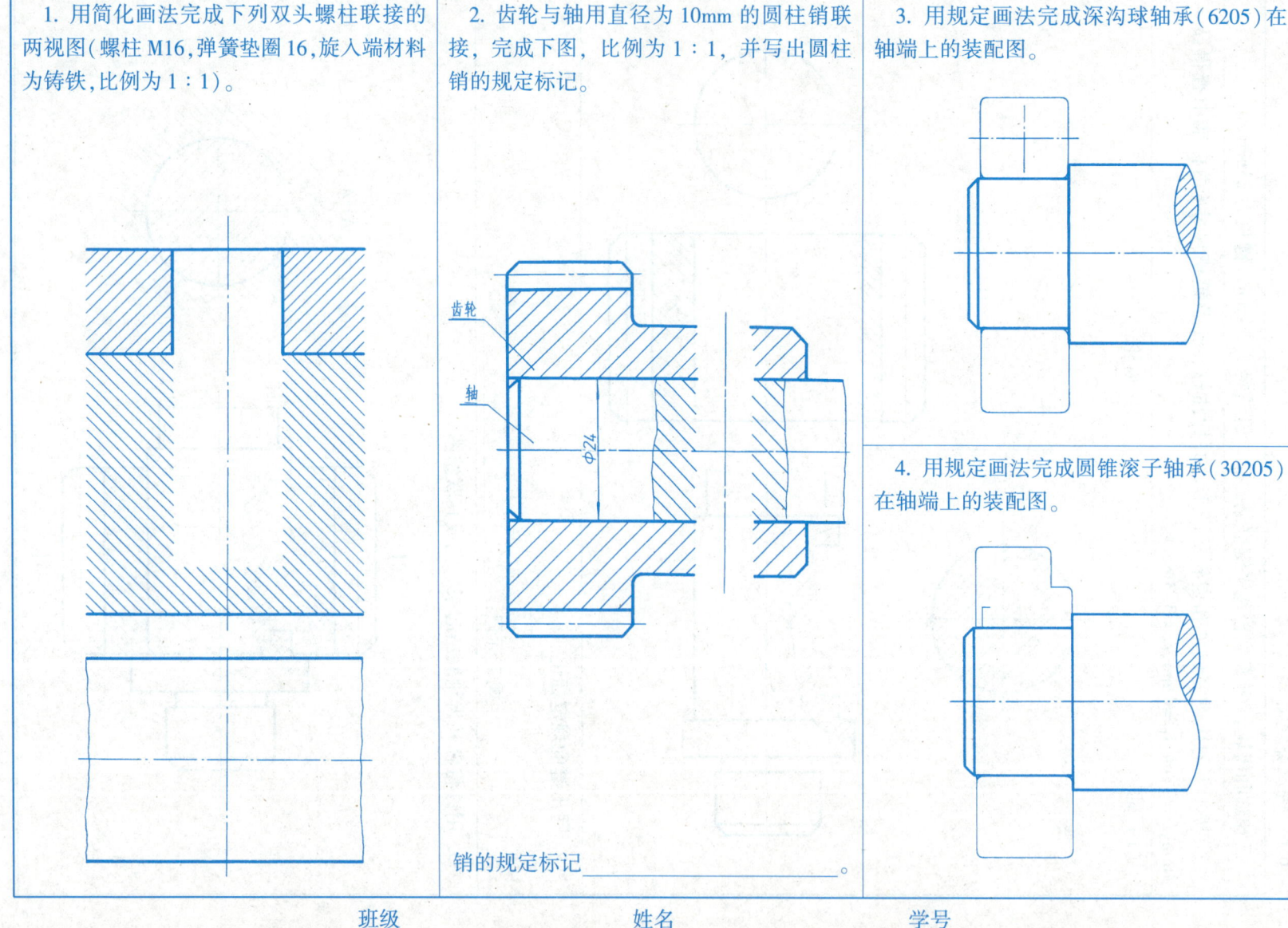

第七章 零件图   7-1 标注表面粗糙度代号。

1. 练习表面粗糙度代号的注写方向：将下图所示每个加工表面均标注出表面粗糙度代号（上表面 Ra 值为 3.2μm，下表面 Ra 值为 6.3μm，其余表面 Ra 值为 12.5μm）。

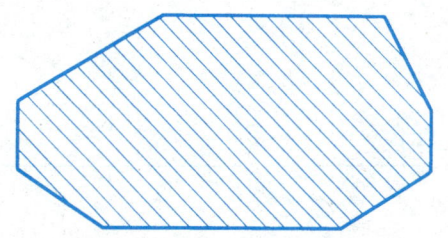

3. 按要求标注表面粗糙度（Ra）代号：ϕ30mm 孔为 1.6μm，ϕ9mm 孔为 12.5μm，底面为 6.3μm，其余为铸造表面。

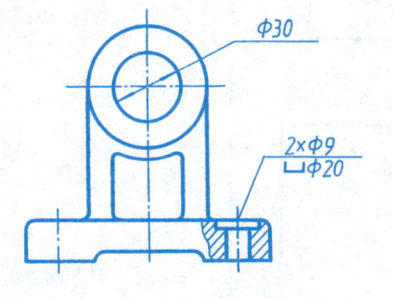

4. 按要求对给出表面注写表面粗糙度代号。

（1）加工表面，Ra 的最大值为 0.8μm。

（2）加工表面，双向极限：上限值 Rz 为 6.3μm，下限值 Ra 为 1.6μm。

2. 将上图标注出的表面粗糙度代号，按"大多数表面结构要求相同"的两种简化注法表示出来。

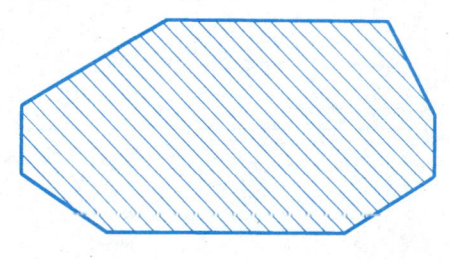

注法一：　　　注法二：

5. 在齿轮零件图上，按要求标注表面粗糙度代号。

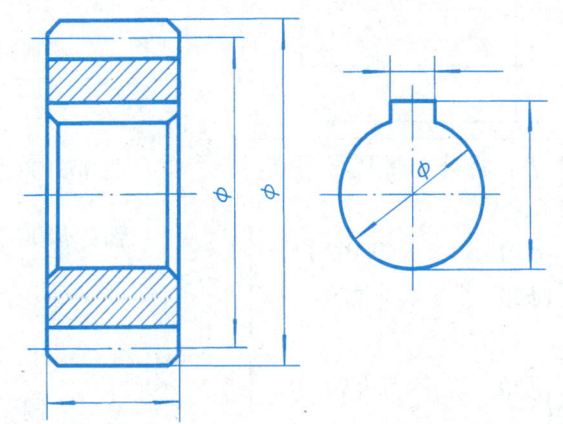

（1）齿轮工作表面、轴孔及键槽两侧面 Ra 值均为 3.2μm。
（2）其余表面 Ra 值为 6.3μm。

班级　　　　　姓名　　　　　学号

7-2 极限与配合(一)。

1. 根据图中的标注,填写下表(只填其数值)。

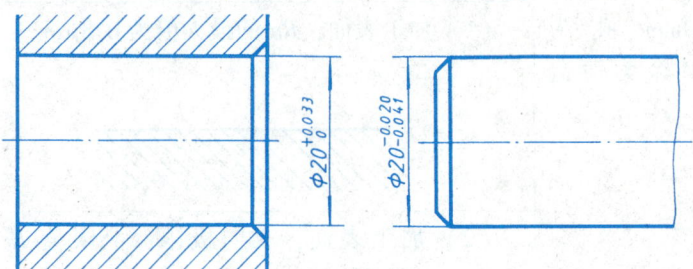

名称	孔	轴
公称尺寸		
上极限尺寸		
下极限尺寸		
上极限偏差		
下极限偏差		
公差		

2. 查表,将极限偏差数值填在括号内。

(1) φ30H8   (   )

(2) φ60JS7   (   )

(3) φ25m6   (   )

(4) φ40f7   (   )

3. 查表,将公差带代号写在公称尺寸之后。

孔 $\begin{cases} \phi 70 & (\pm 0.015) \\ \phi 20 & (^{+0.006}_{-0.015}) \end{cases}$

轴 $\begin{cases} \phi 30 & (^{-0.020}_{-0.041}) \\ \phi 35 & (^{+0.018}_{+0.002}) \end{cases}$

4. 根据孔、轴的极限偏差,判定其配合类别;画出其公差带图(孔的公差带画剖面线,轴的公差带涂黑),画法参照下页。

(1) 孔:φ120$^{+0.087}_{0}$

轴:φ120$^{-0.120}_{-0.207}$

_____制,_____配合。

(2) 孔:φ50$^{+0.035}_{0}$

轴:φ50$^{+0.018}_{+0.002}$

_____制,_____配合。

(3) 孔:φ100$^{-0.058}_{-0.093}$

轴:φ100$^{0}_{-0.022}$

_____制,_____配合。

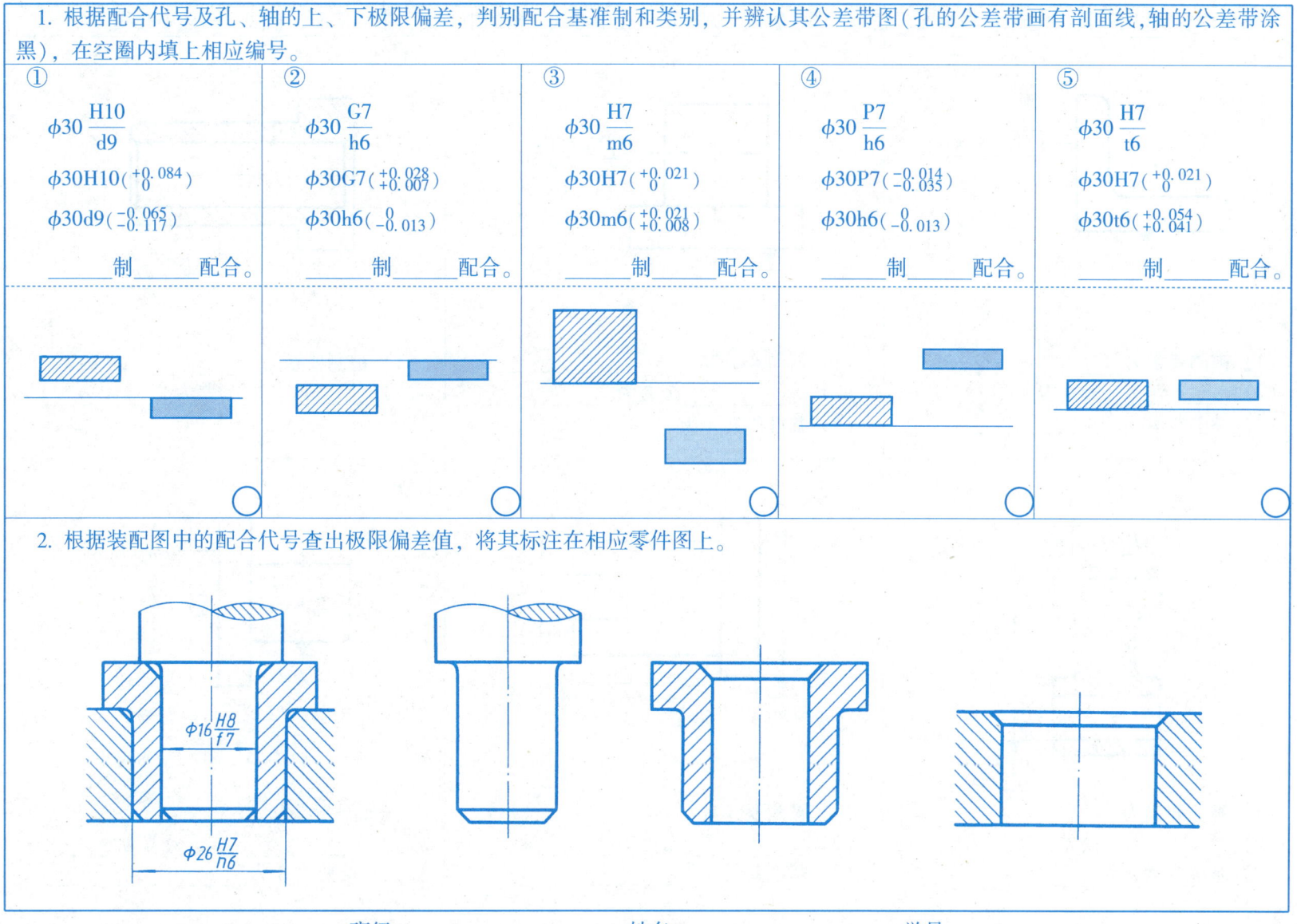

7-4 填空说明图中所注几何公差的含义。

填空内容从以下词语中选取：右端面，底面，圆柱轴线，圆柱面，孔中心线，槽的中心面，中心平面，轴线、圆柱中心线。

1. 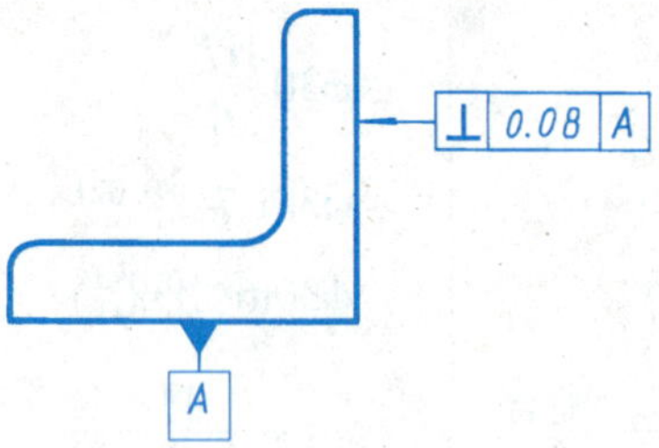
(1) 被测要素为 _____ ；
(2) _____ 公差为 _____ ；
(3) 基准要素 A 为 _____ 。

2. 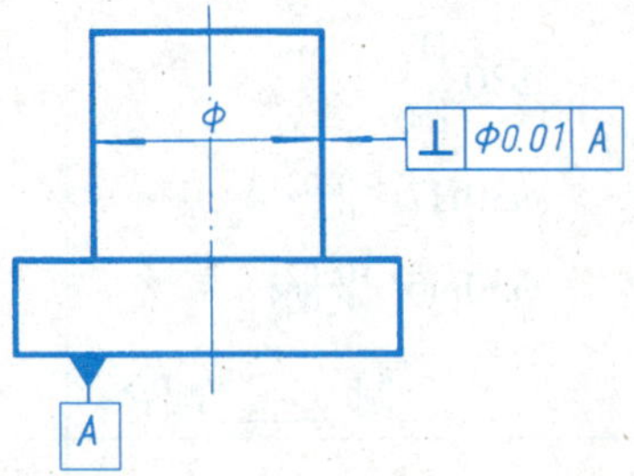
(1) 被测要素为 _____ ；
(2) _____ 公差为 _____ ；
(3) 基准要素 A 为 _____ 。

3. 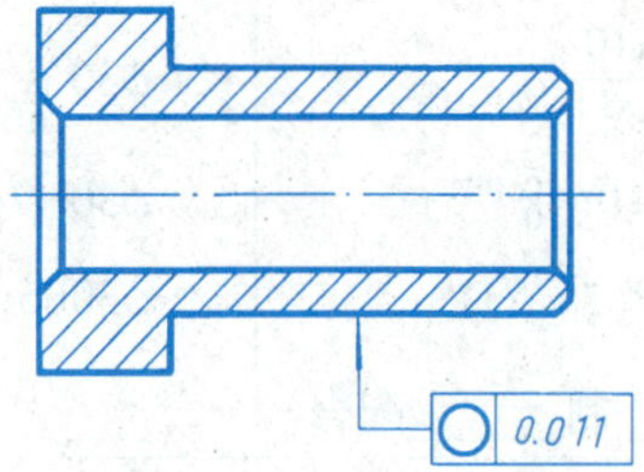
(1) 被测要素为 _____ ；
(2) _____ 公差为 _____ 。

4. 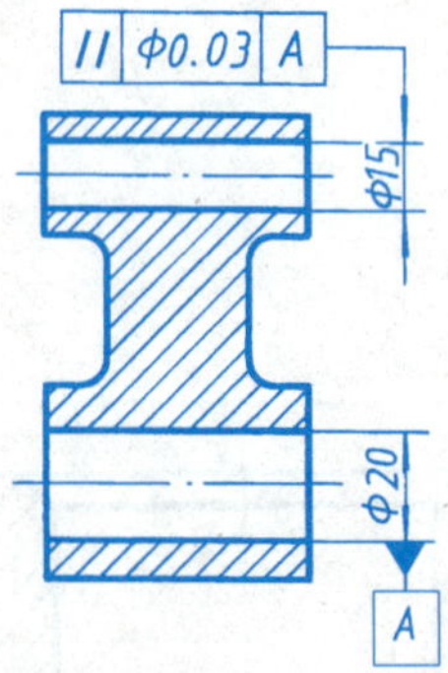
(1) 被测要素为 _____ ；
(2) _____ 公差为 _____ ；
(3) 基准要素 A 为 _____ 。

5. 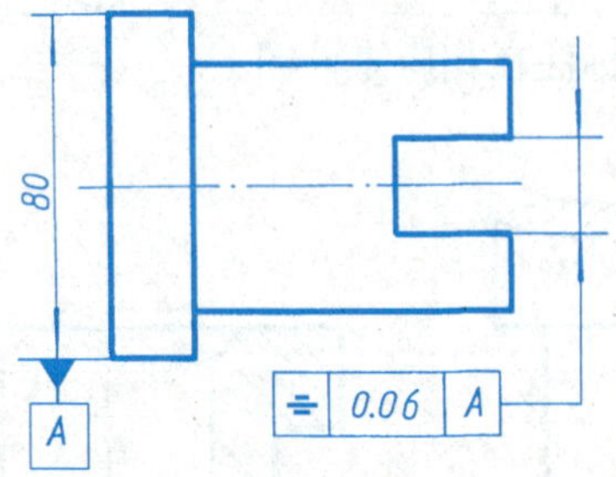
(1) 被测要素为 _____ ；
(2) _____ 公差为 _____ ；
(3) 基准要素 A 为 _____ 。

6. 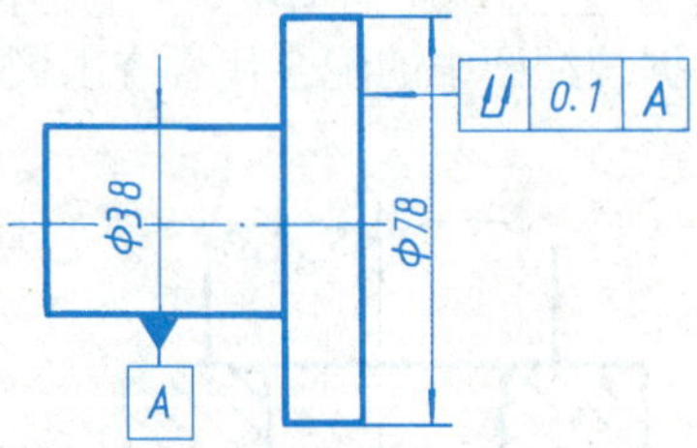
(1) 被测要素为 _____ ；
(2) _____ 公差为 _____ ；
(3) 基准要素 A 为 _____ 。

班级　　　姓名　　　学号

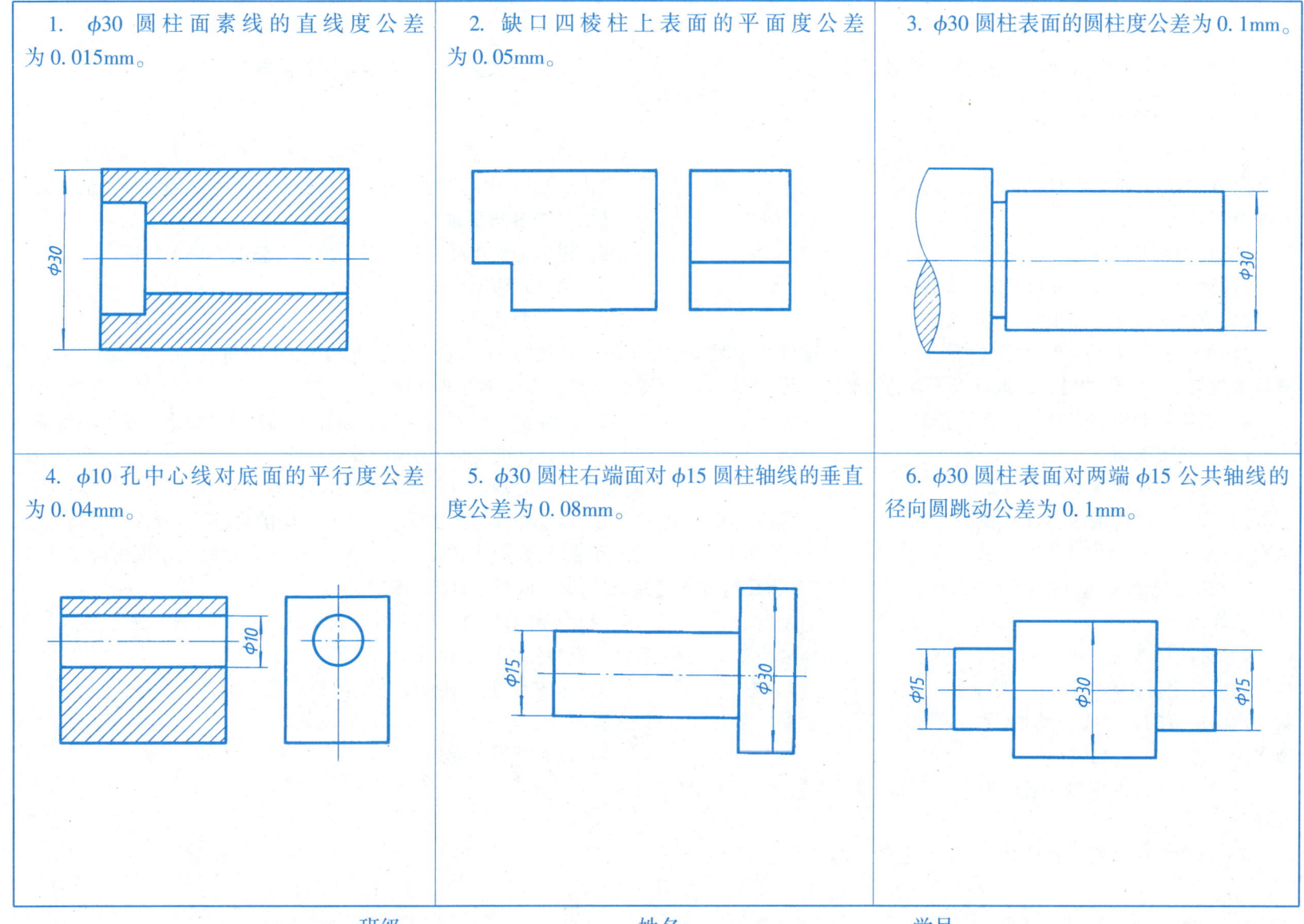

7-6 零件测绘(画零件图)。

作业 4 零件测绘

(一) 作业目的
1) 熟悉和掌握零件测绘的方法和步骤。
2) 训练独立选择零件的表达方案、标注尺寸和注写技术要求的能力。

(二) 内容与要求
1) 测绘 1 个零件,完成其零件草图。
2) 草图应画在 A3 图纸或坐标纸上。
3) 测绘的对象可为单个零件,也可选用后续部件测绘时所用部件中的某个零件。如没有,也可以下页的轴测图代替。
4) 所绘草图内容完整、符合要求。

(三) 注意事项
1) 零件测绘应认真,不得潦草。
2) 测绘步骤应清晰,选择视图、标注尺寸、注写技术要求应依次进行。
3) 选择视图表达方案应在草纸上进行,最好多选几组方案,从中选优。
4) 标注尺寸时,应先选定尺寸基准,再按形体分析法确定并标注定形、定位和总体尺寸;要注意与相关零件尺寸协调一致;先集中画出所有的尺寸线、尺寸界线和箭头,再逐一测量、填写尺寸数字。
5) 零件上标准结构要素(如螺纹、键槽、销孔等),应查表予以标准化。
6) 草图完成后要认真检查,及时纠正错、漏之处。

作业 5 由零件草图绘制零件工作图

(一) 作业目的
1) 熟悉和掌握由零件草图绘制零件工作图的方法和步骤。
2) 综合运用学过的知识,提高绘制生产中实用零件图的能力。

(二) 内容与要求
1) 根据测绘出的零件草图,绘制完整的零件工作图。
2) 用 A3 图纸绘制。

(三) 注意事项
1) 作图时,要以所绘之图一经脱手即将投入生产的心态,严肃、认真、高度负责地进行。
2) 全面调用已学的知识,综合加以应用。所绘的零件图要求:
① 符合标准(如视图画法及其标注、尺寸的标注、技术要求的注写,标准结构的画法、标注以及查表进行标准化等)。
② 尽量符合生产实际(如工艺结构的合理性,所注尺寸应便于加工和测量,表面粗糙度、尺寸公差、几何公差的选用既能保证零件的质量,又能降低零件的制作成本等)。
为此,要对零件草图进行全面审视。对有问题的地方,要翻看教材、查阅标准中的相关知识或请教他人。
3) 布图合理,图形简洁,尺寸完整、清晰,字迹工整,便于他人看图。
4) 认真填写标题栏。

7-7 零件测绘作业题(零件材料：HT150)。

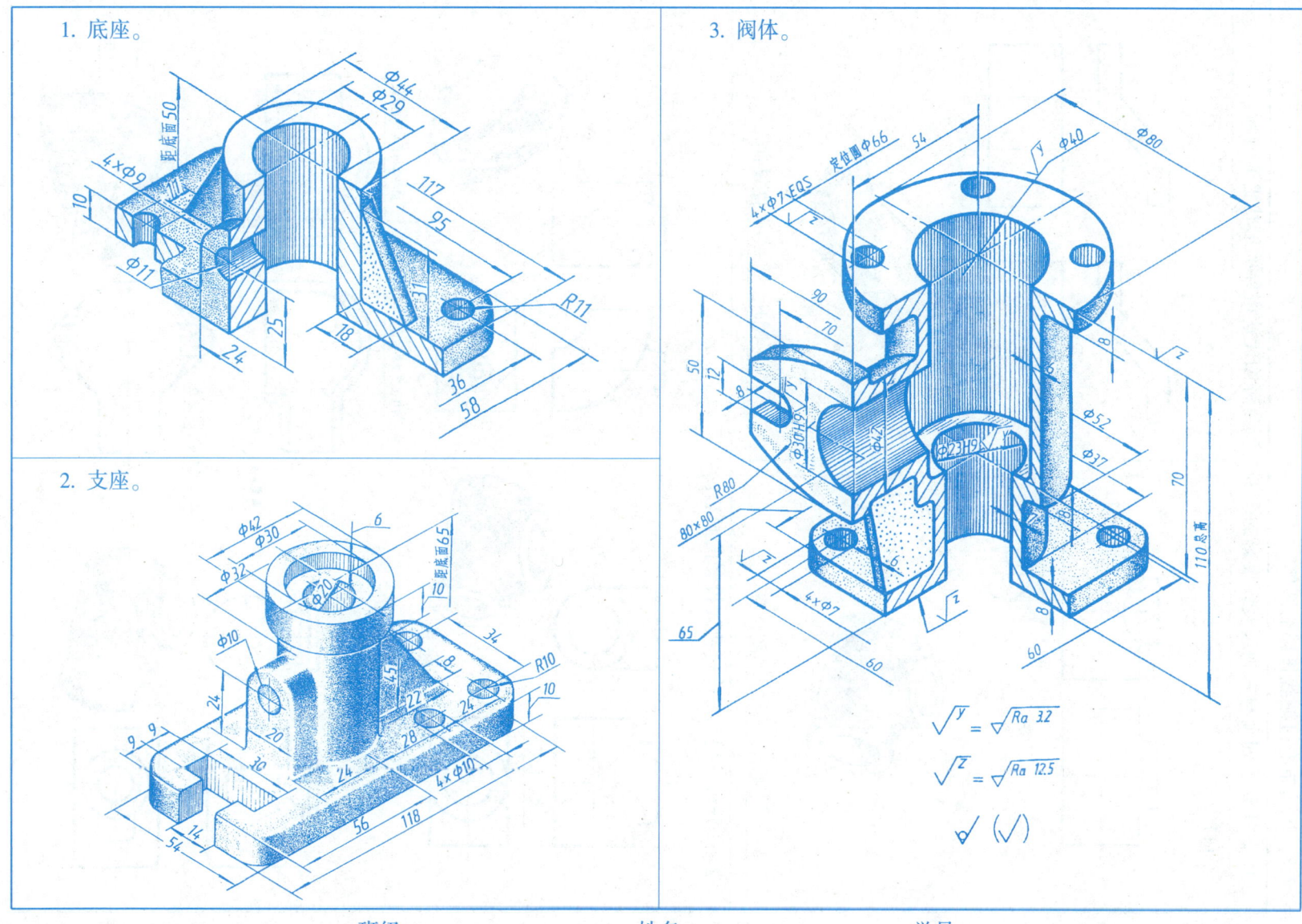

7-8 识读带有过渡线投影的图例。

1. 试比较下列画与未画过渡线投影的图例，看哪种图表达机件的形状更为清晰？

(1) a) 图比_____ b) 图清晰。

(2) a) 图比_____ b) 图清晰。

2. 试分析下列图形中过渡线投影的画法。

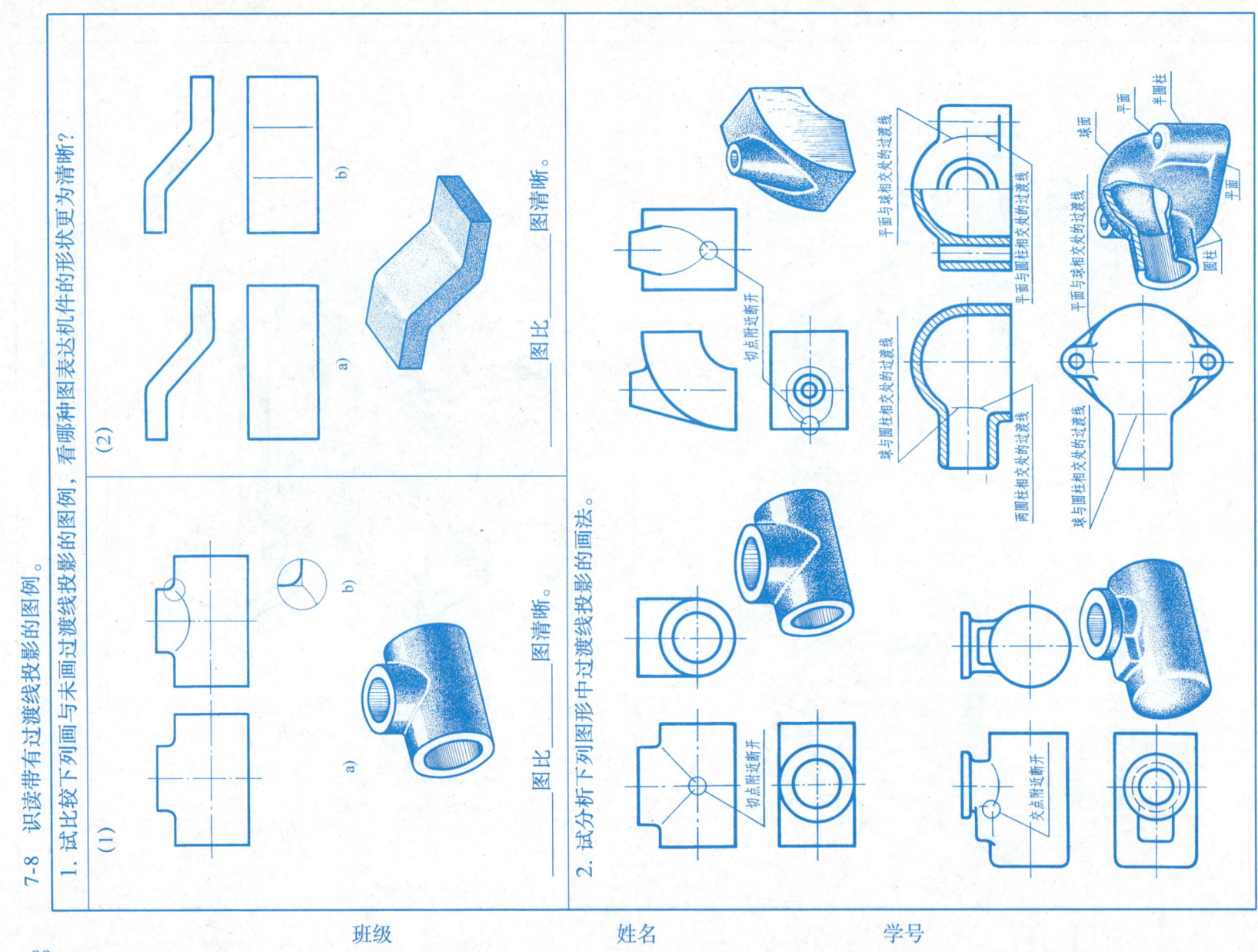

7-9 读轴的零件图。

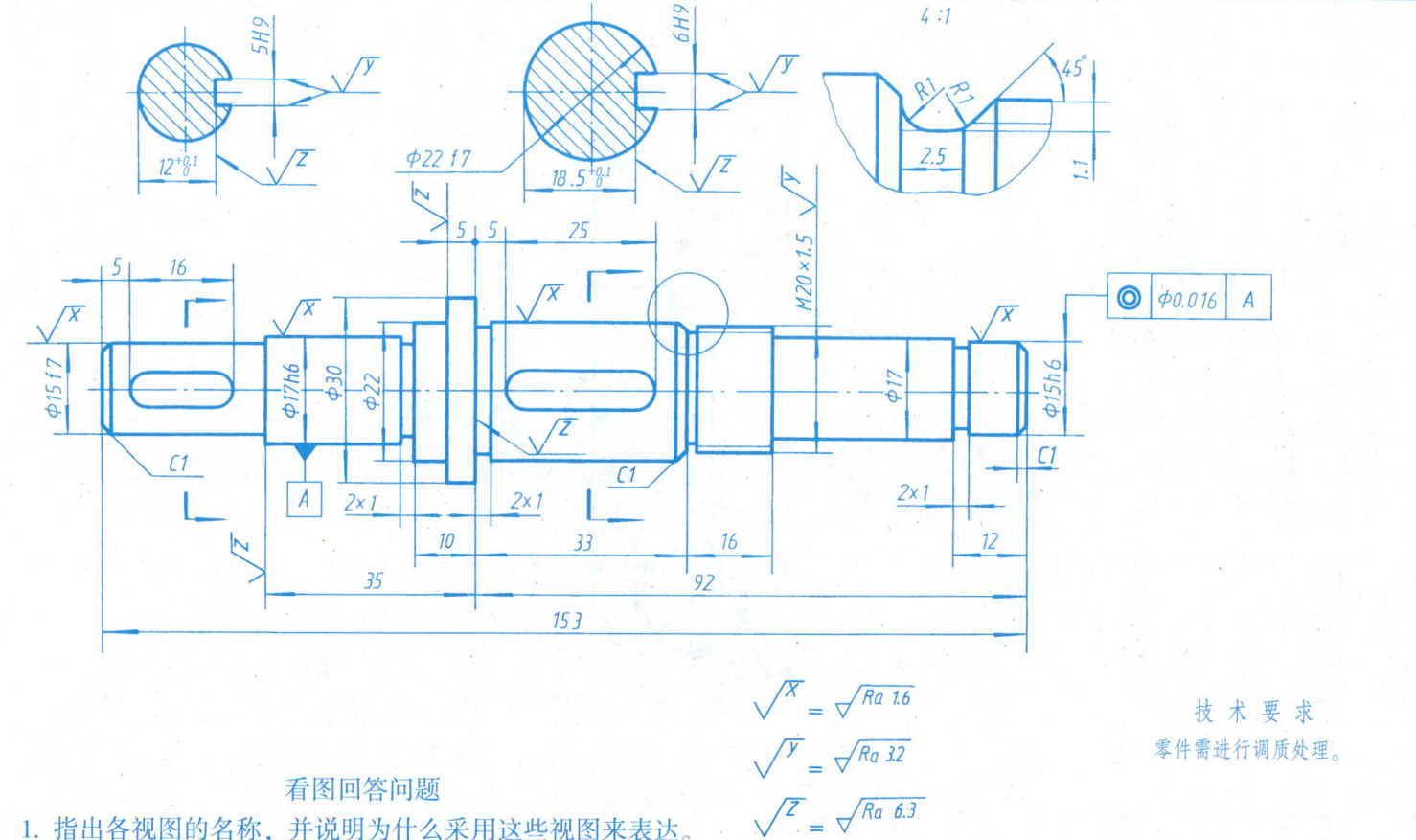

看图回答问题
1. 指出各视图的名称，并说明为什么采用这些视图来表达。
2. 标出长、宽、高方向尺寸的主要基准，并指出哪些尺寸是定位尺寸。
3. 说明图中公差带代号的意义。
4. 键槽两侧面的 Ra 为 _____ μm，φ17h6 圆柱面的 Ra 为 _____ μm，轴左、右端面的 Ra 为 _____ μm。

技术要求
零件需进行调质处理。

轴	比例	材料	图号
	1:1	45	
制图			
审核			

班级　　　姓名　　　学号

7-10 读拨叉零件图(该零件的轴测图见 103 页)。

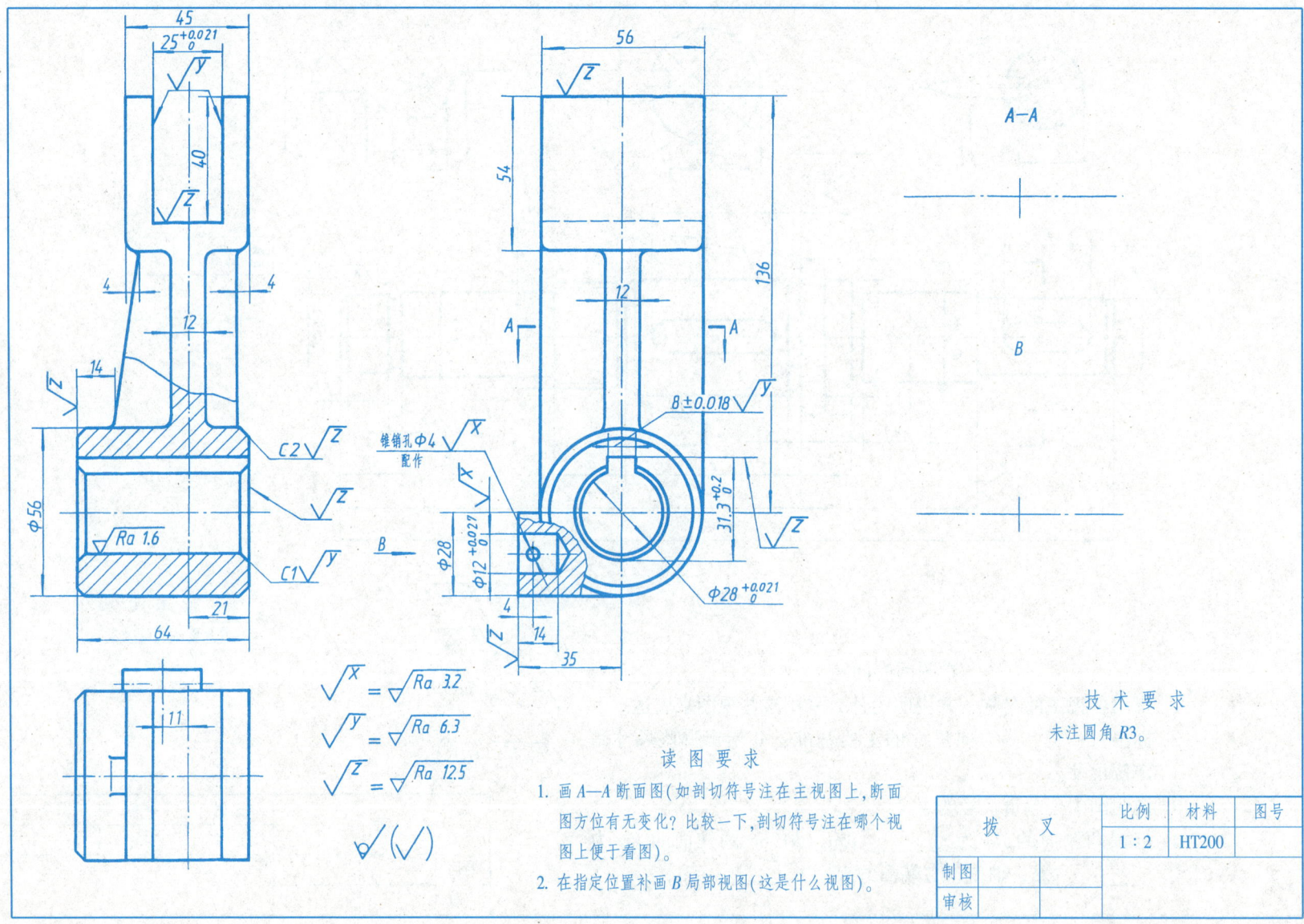

7-11 读夹具体零件图(该零件的轴测图见103页)。

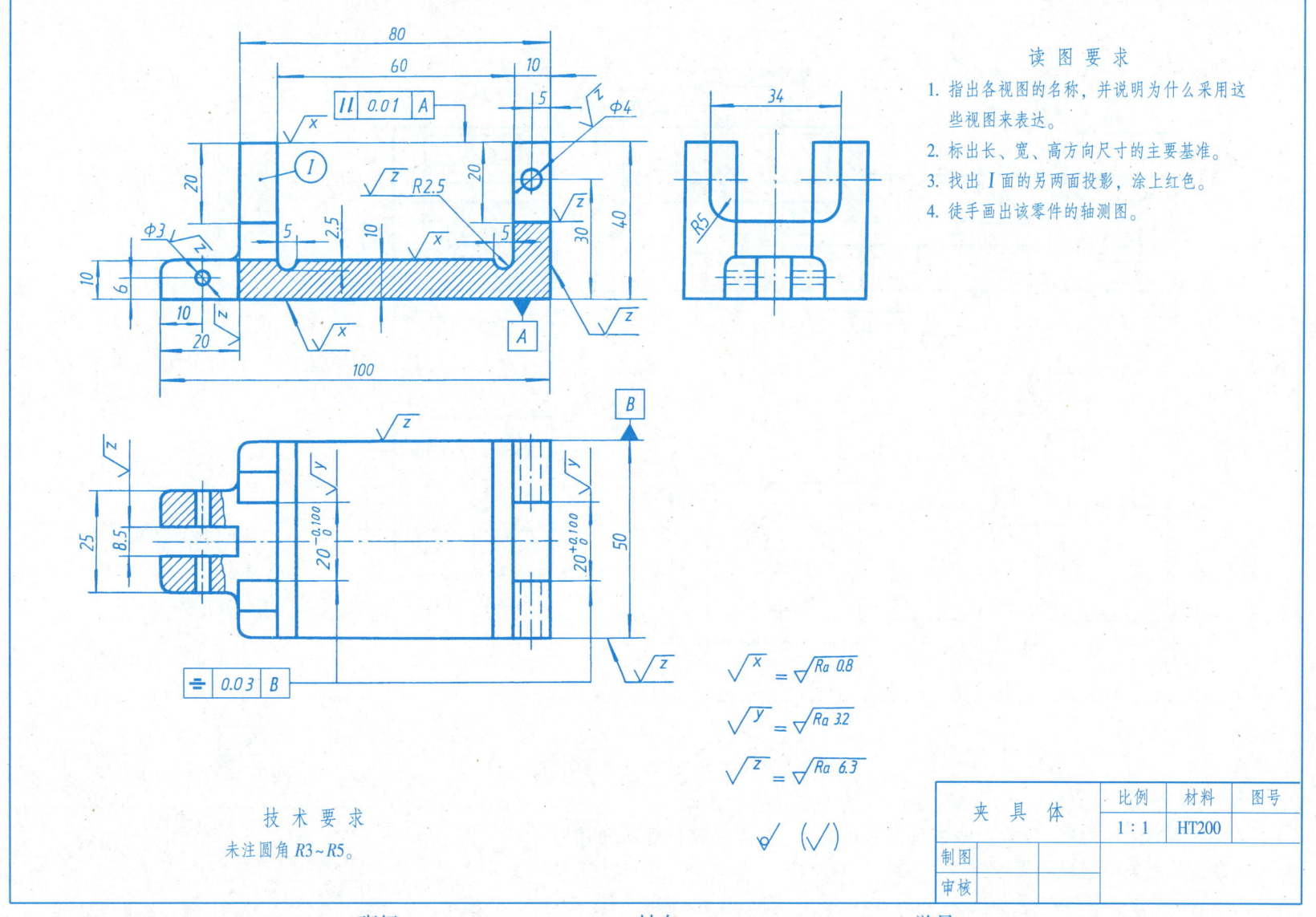

7-12 读箱体零件图，在指定位置补画左视图（不剖）和 D—D 断面图，并回答下列问题（选读题，该零件的轴测图见 103 页）。

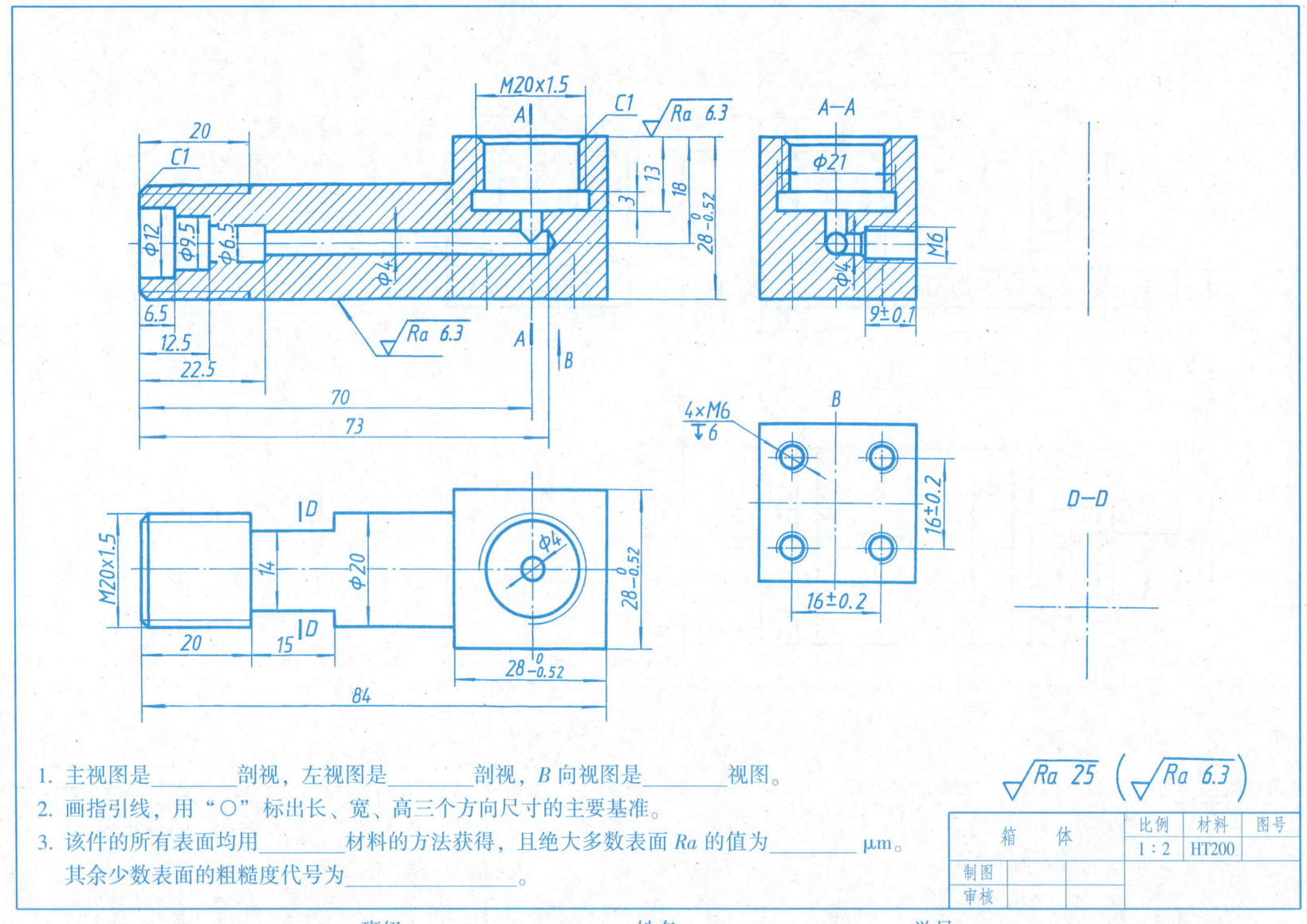

1. 主视图是_____剖视，左视图是_____剖视，B 向视图是_____视图。
2. 画指引线，用"○"标出长、宽、高三个方向尺寸的主要基准。
3. 该件的所有表面均用_____材料的方法获得，且绝大多数表面 Ra 的值为_____μm。其余少数表面的粗糙度代号为_____。

7-13 选读托架零件图(分析托架的剖切特点,回答为什么要这样剖)(该零件的轴测图见103页)。

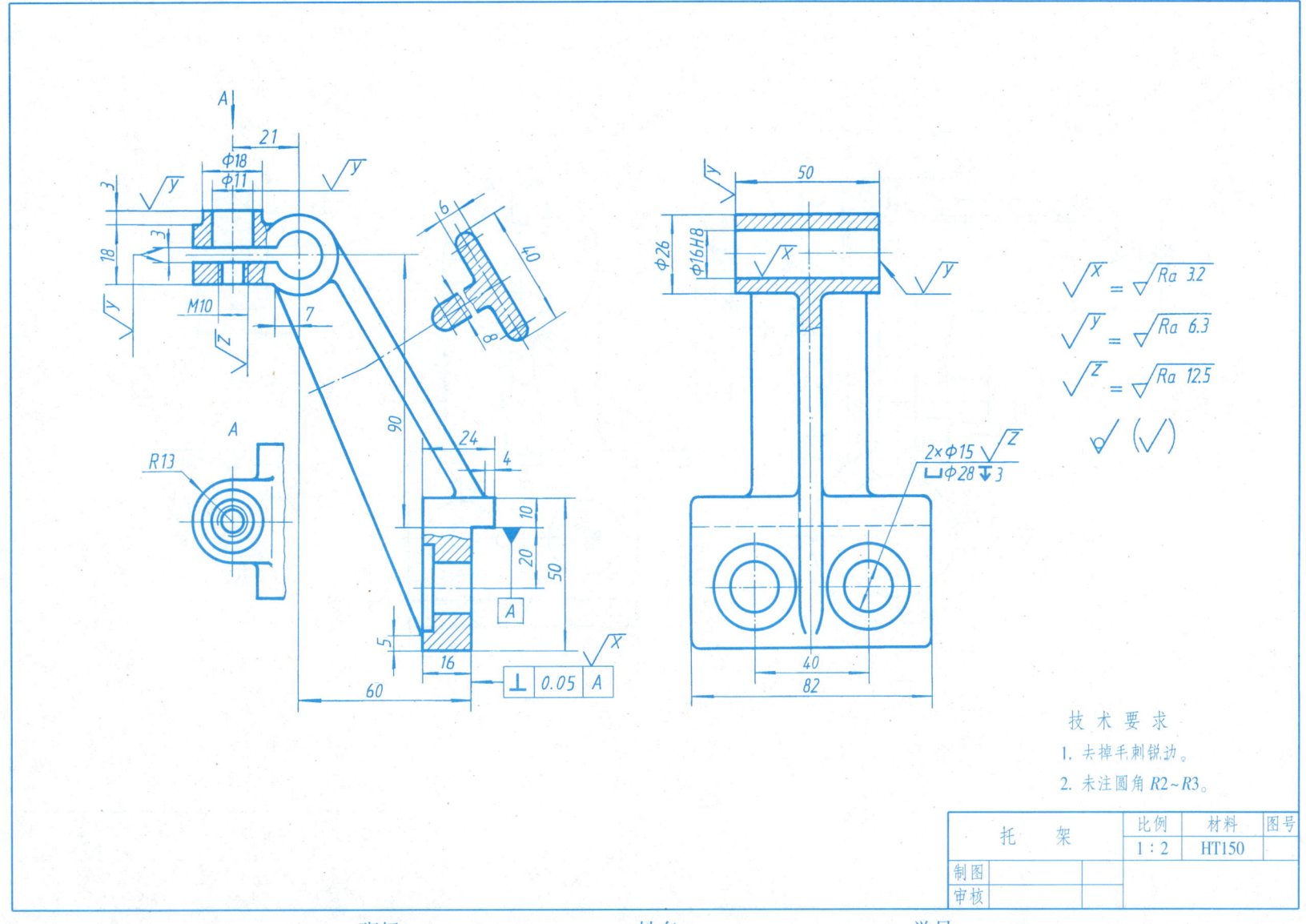

7-14 选读十字接头零件图(看图要求:分析十字接头的剖切特点,看懂图后,在右断面图上试注尺寸数字;该零件的轴测图见103页)。

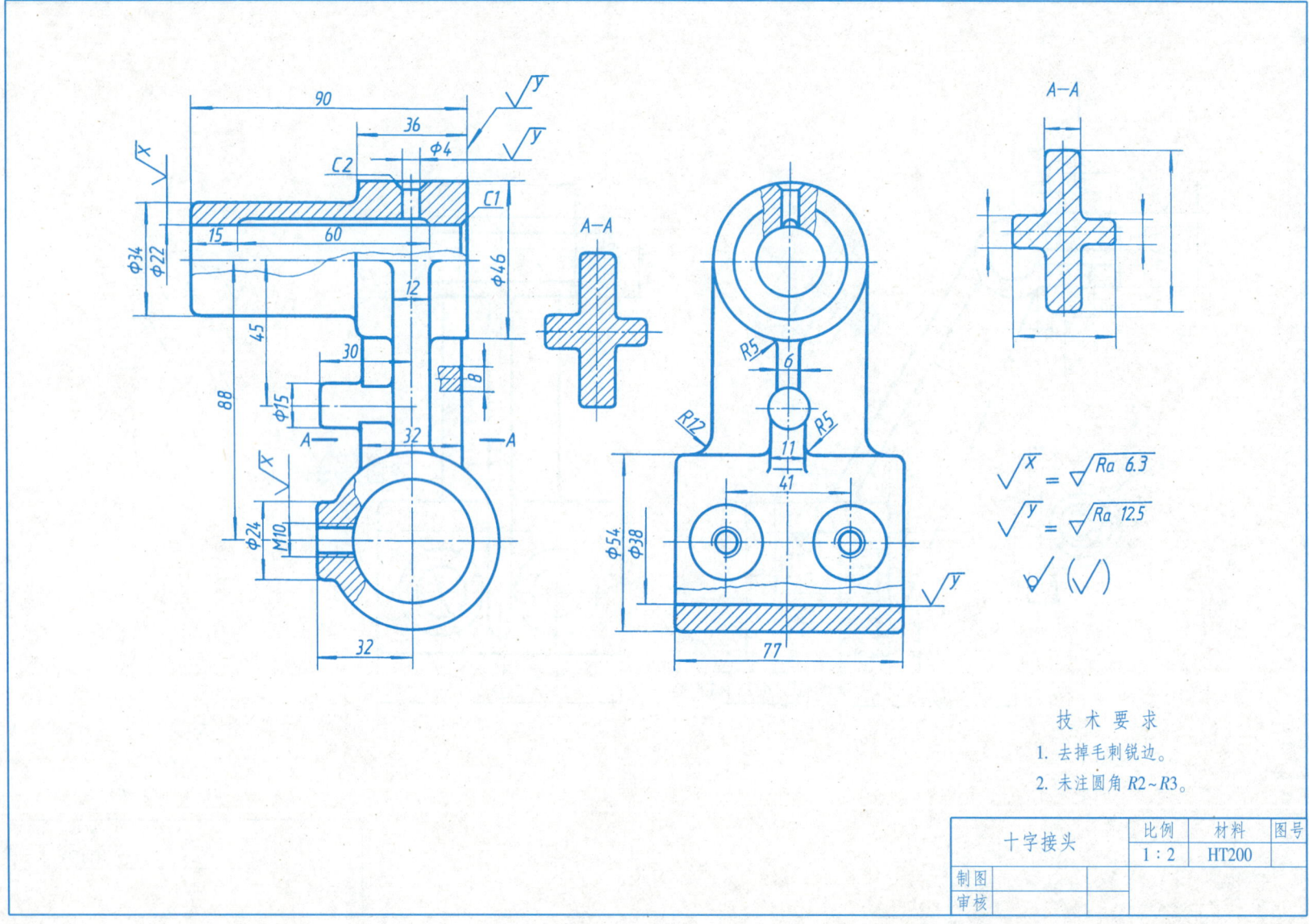

第八章 装配图

8-1 根据千斤顶的装配示意图和零件图，画装配图。

作业6 画装配图

(一) 作业目的

1) 熟悉和掌握装配图的内容和装配图的表达方法。
2) 了解绘制装配图的方法。

(二) 内容与要求

1) 按教师指定的题目，根据零件图绘制1张装配图。
2) 图幅由教师确定。

(三) 注意事项（画图步骤）

1) 初步了解。根据名称和装配示意图，对装配体的功能进行粗略分析，并将其与零件图的相应序号相对照，区分一般零件和标准件，并确定其数量，分析装配图的复杂程度及大小。

2) 详读零件图。依据示意图详读零件图，进而分析装配顺序、零件之间的装配关系、连接方法，弄清传动路线、工作原理。

3) 确定表达方案，选择主视图和其他视图。

4) 合理布图。先画出各视图的作图基准线（主要装配干线、对称线等）。

5) 拟定画图顺序。画剖视图时，一般从装配干线入手，由内向外逐个画出各个零件的投影（也可酌情由外向内绘制）。

6) 注意相邻零件剖面线的画法。标注尺寸，填写技术要求，编好序号。

7) 作图后，应按装配图的内容，认真做一次全面检查和修正。

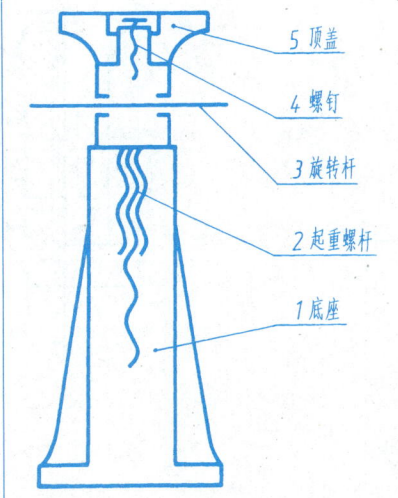

千斤顶装配示意图

5 顶盖
4 螺钉
3 旋转杆
2 起重螺杆
1 底座

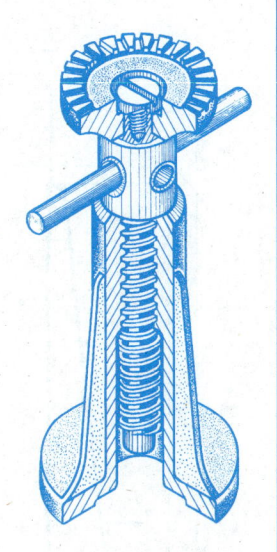

千斤顶工作原理

千斤顶是顶起重物的部件。使用时，需按逆时针方向转动旋转杆3，使起重螺杆2向上升起，通过顶盖5将重物顶起。

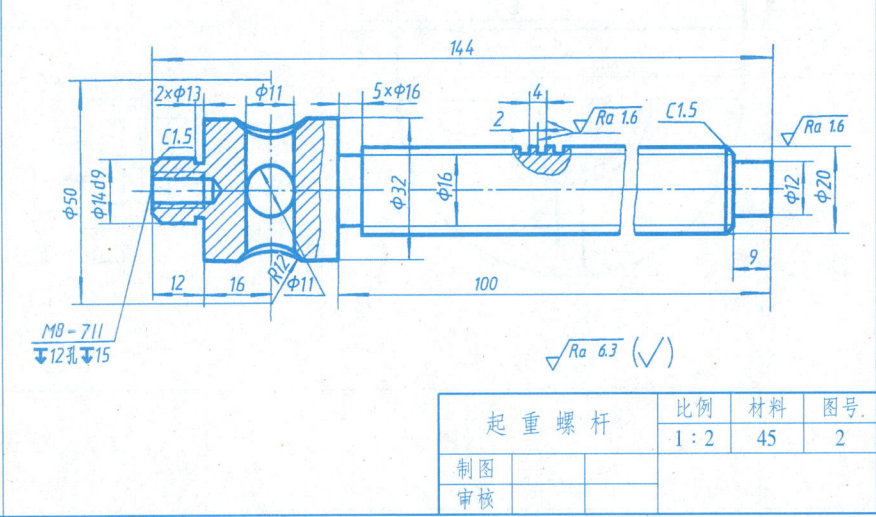

起重螺杆　比例 1:2　材料 45　图号 2

8-2 千斤顶零件图。

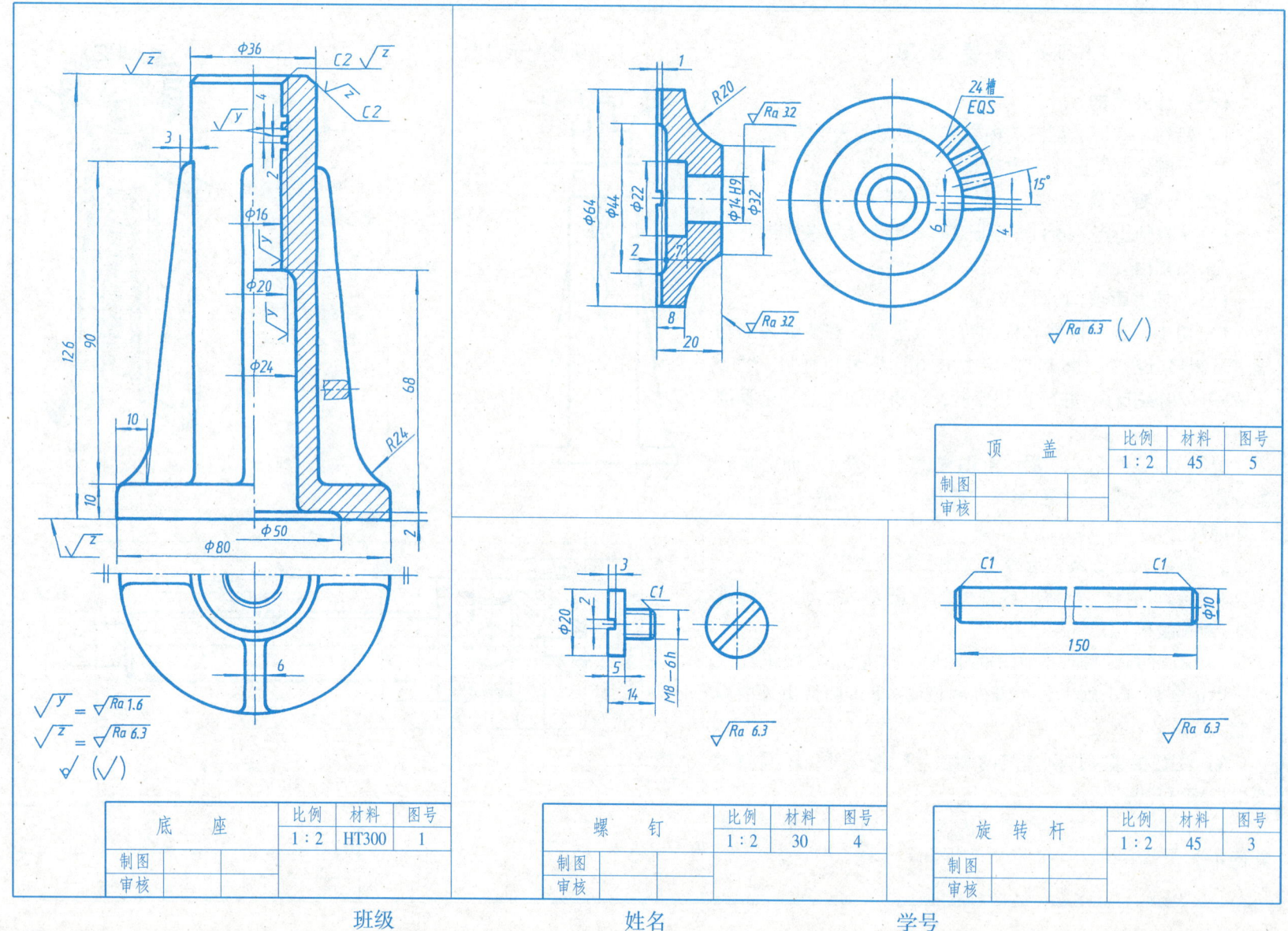

8-3 读拆卸器装配图(拆画件5的零件草图。装配体的轴测图见配套教材绪论第2页)。

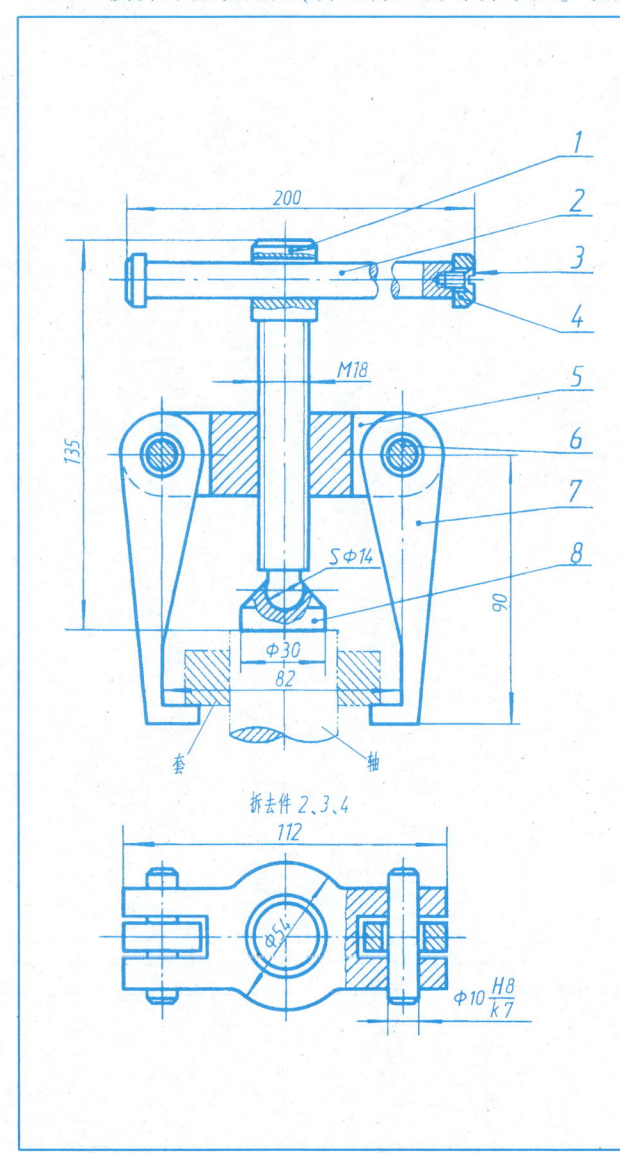

工作原理

拆卸器用来拆卸紧密配合的两个零件。工作时，把压紧垫8触至轴端，使抓子7勾住轴上要拆卸的轴承或套，顺时针转动把手2，使压紧螺杆1转动，由于螺纹的作用，横梁5此时沿压紧螺杆1上升，通过横梁两端的销轴6，带着两个抓子7上升，直至将其从轴上拆下。

8	压紧垫	1	45	
7	抓子	2	45	
6	销轴 10×60	2	45	
5	横梁	1	Q235A	
4	挡圈	1	Q235A	
3	沉头螺钉 M5×8	1		GB/T 68—2016
2	把手	1	Q235A	
1	压紧螺杆	1	45	
序号	名 称	数量	材 料	备 注

拆 卸 器	比例	1:2	共 张
	重量		第 张

制图			
审核			

班级　　　　　　姓名　　　　　　学号

8-4 读旋阀装配图,并拆画件1的零件草图(画在右方)。

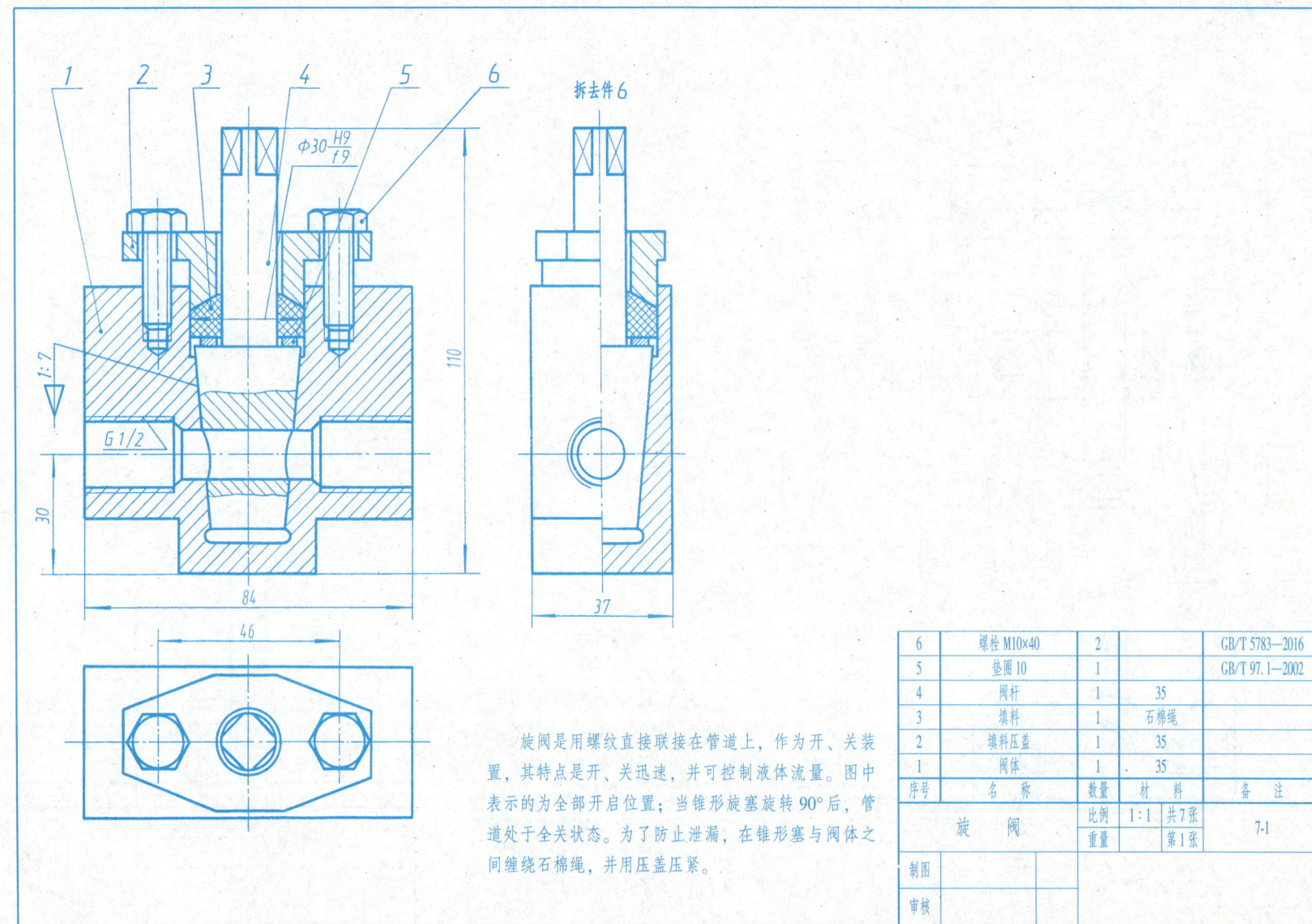

工作原理

三通阀用于控制管路的开与闭。阀体 11 的下方与进水管相连,左、右两端接出水管(也可堵住一个通道,只接一个水管,如图示)。按下手柄 1,阀门 12 克服弹簧 13 的弹力,打开管路,液体从下端流向出水管。放开手柄,由于弹簧的弹力作用,阀门 12 复位,通道即被堵死。

8-5 在右方画出件 9、件 16 零件图(以 C 向视图作为主视图),由教师指定拆画其他零件图。

6	填料	1	浸出石棉		
5	填料压盖	1	Q235A		
4	盖螺母	1	30		
3	小拉钩	1	Q275		
2	开口销	1	20	GB/T 91—2000	
1	手柄	1			
序号	名称	数量	材料	备注	
三通阀			比例 1:2	共 8 张	8-1
			总重量	第 1 张	
制图					
审核					

18	螺母	1	Q235A	
17	垫片	1	耐油橡胶板 3707	GB/T 5574—2008
16	管接头	1	Q235A	
15	垫片	1	耐油橡胶板 3707	GB/T 5574—2008
14	安装架	1	HT150	
13	弹簧夹	1	65Mn	
12	阀门	1	Q275	
11	阀体	1	HT200	
10	支架	1	30	
9	叉形架	1	Q235A	
8	螺栓 M10×65	2		GB/T 5781—2016
7	螺母 M10	2		GB/T 41—2016

8-6 读钻模装配图和轴测图。

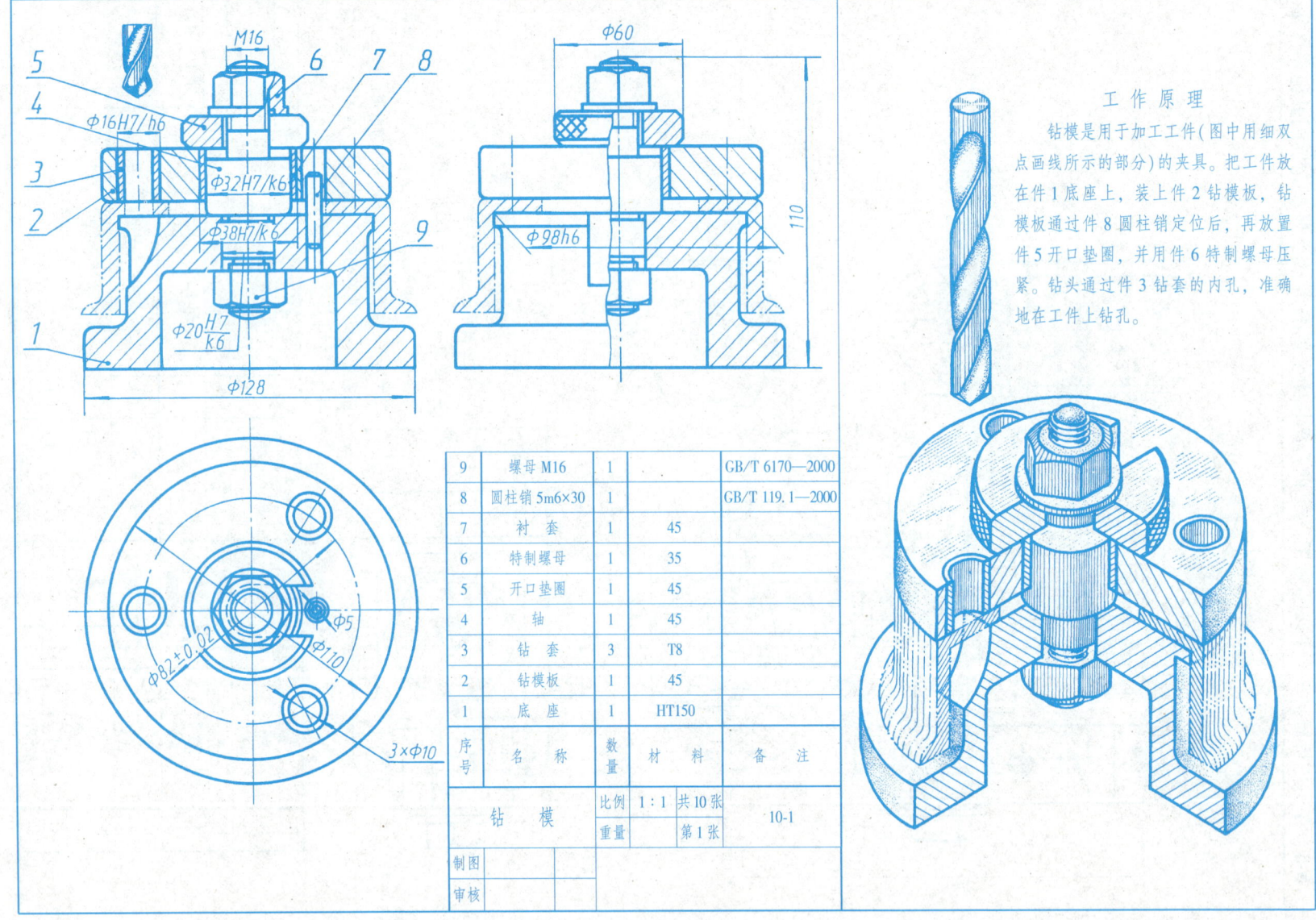

8-7 读机用虎钳装配图(机用虎钳的轴测图见104页)。

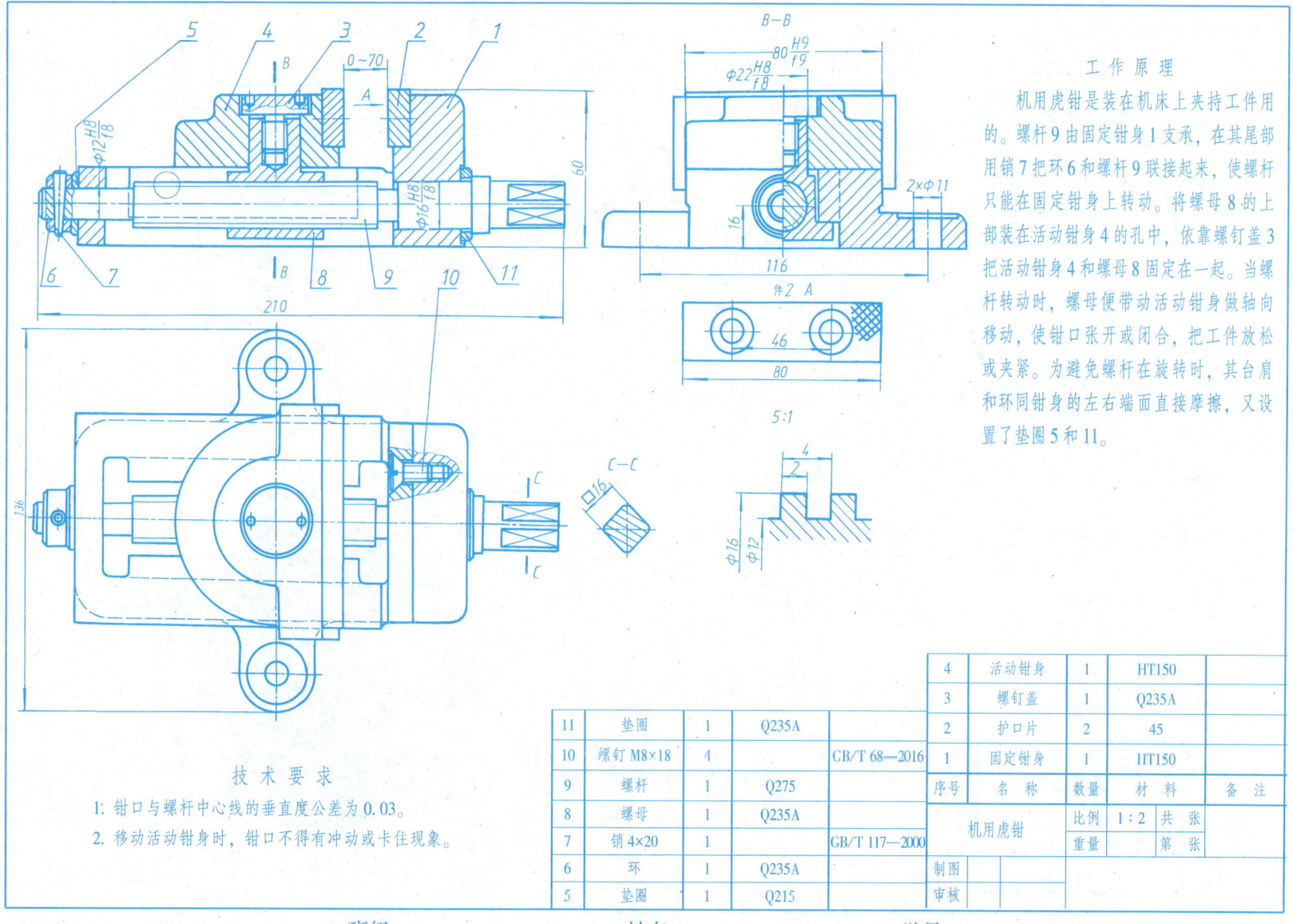

附录 选做题答案 附录-1 组合体选做题答案。

1. 56 页第 1 题答案。

2. 左图所示组合体的轴测图。

3. 56 页第 2 题答案。

4. 左图所示组合体的轴测图。

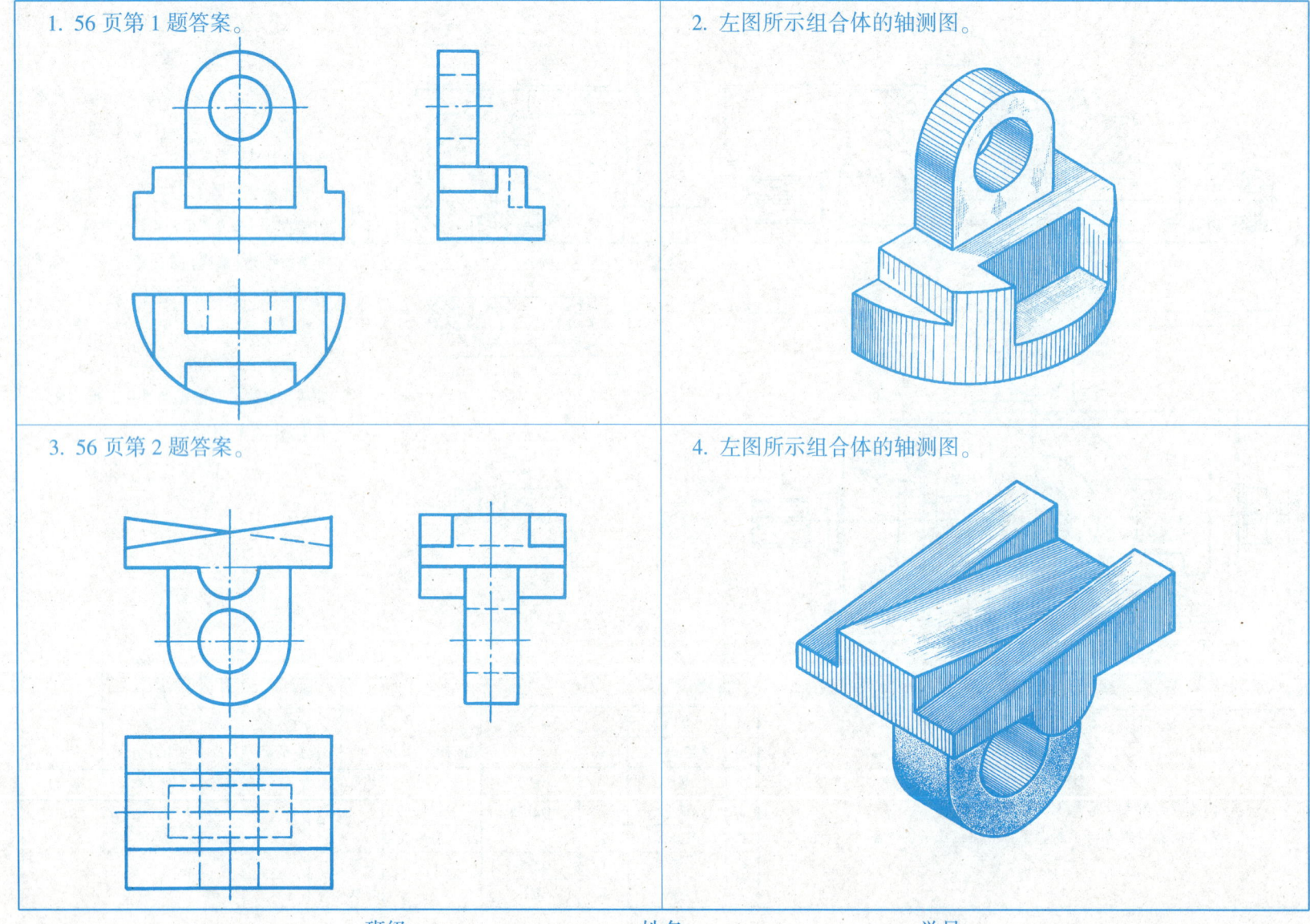

附录-2　零件的轴测图。

1. 零件图见 90 页。

2. 零件图见 92 页。

3. 零件图见 91 页。

4. 零件图见 93 页。

5. 零件图见 94 页。

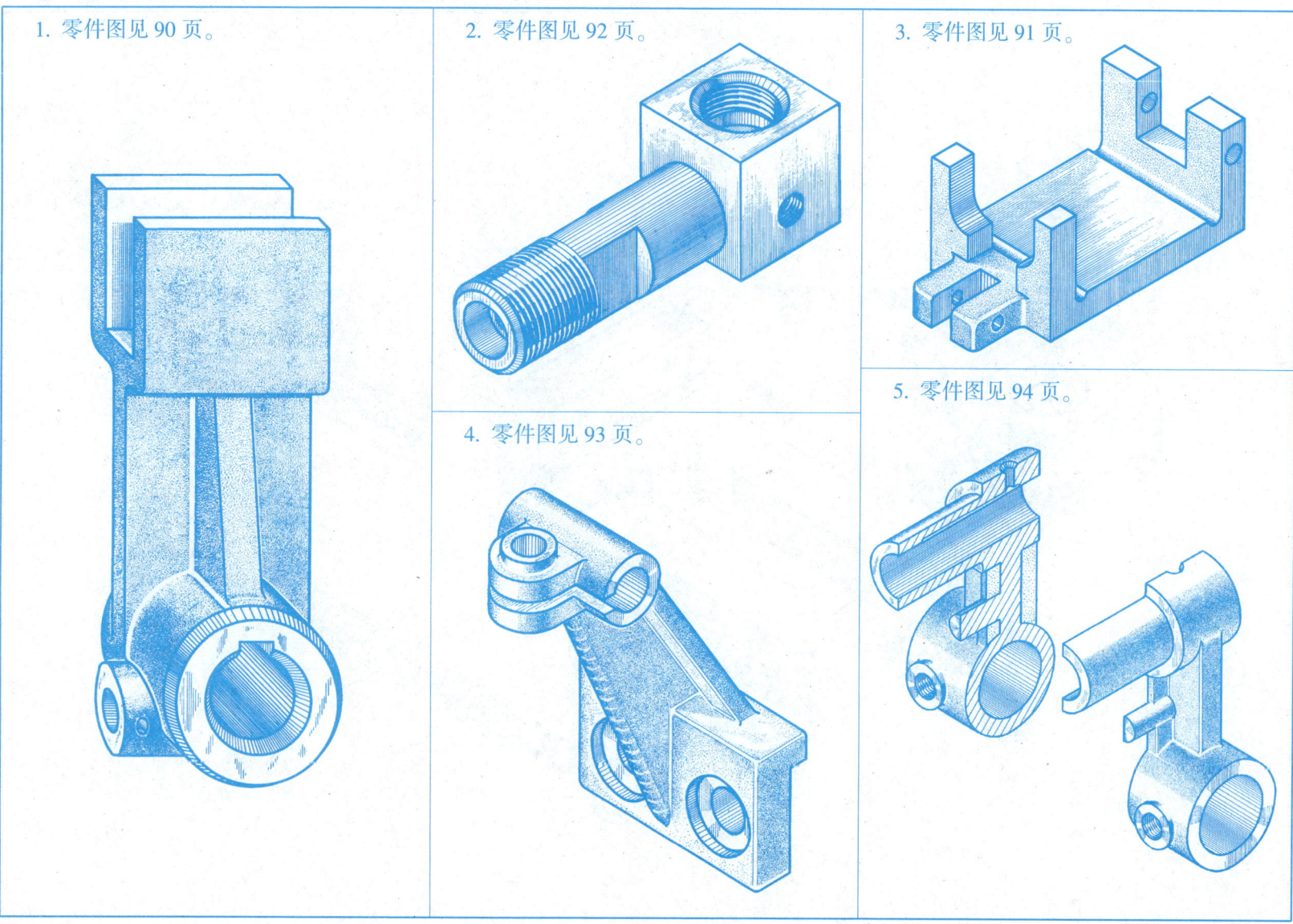

班级　　　　姓名　　　　学号

附录-3　机用虎钳分解轴测图和装配轴测图（机用虎钳的装配图见101页）。

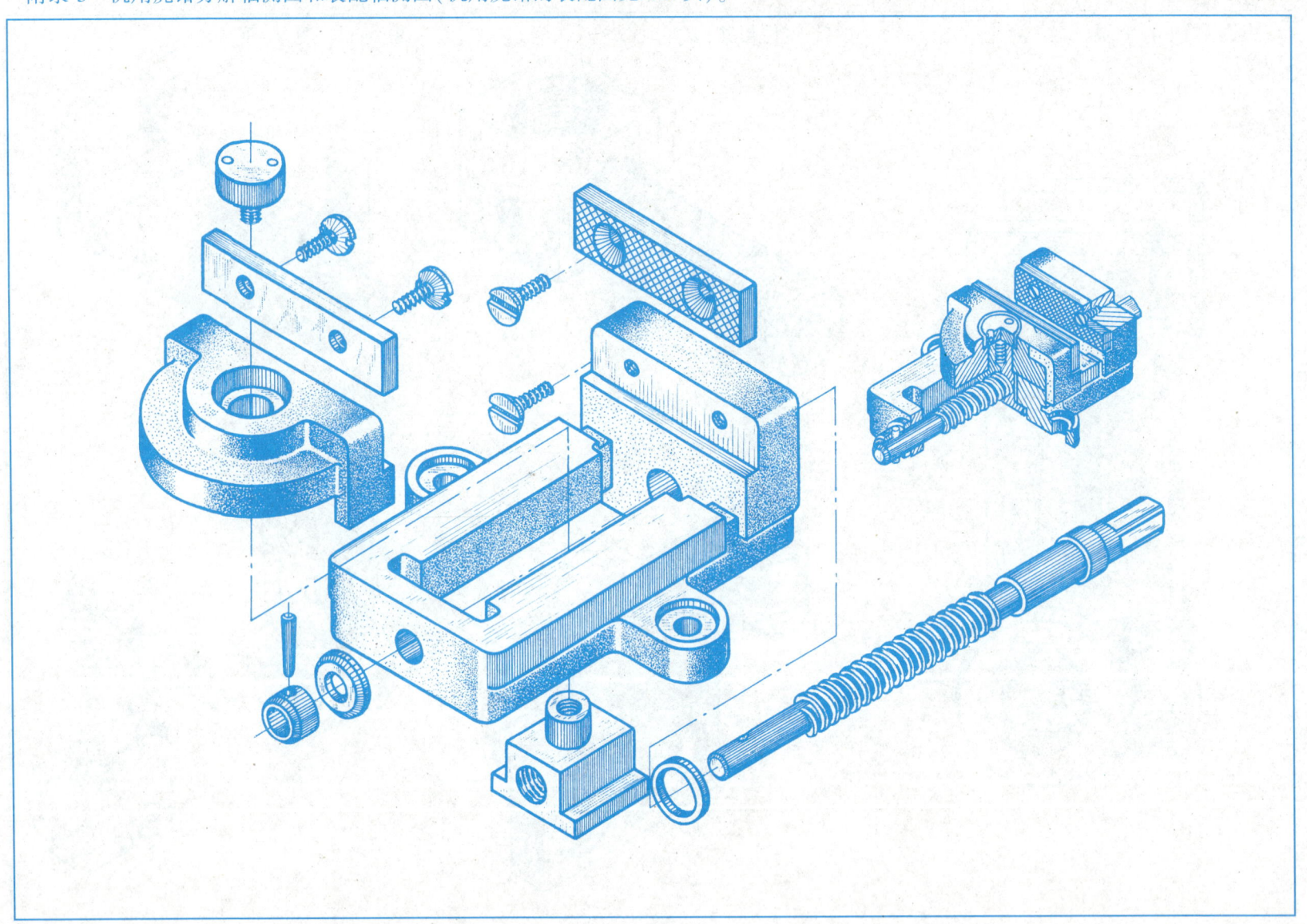

班级　　　姓名　　　学号